科学·奥妙无穷▶

美丽的世界
——光与色

潘丽娜 编著

中国出版集团
现代出版社

目 录

目

录

● 心灵的窗户——眼睛

每一个清晨，在滴答的钟声里睁开蒙眬的双眼，卧室里的床、窗户、衣柜、门……渐渐地在我们的视线中由模糊变得清晰，它们的轮廓和颜色也逐渐变得明朗，晴朗的时候我们还能看到透过重重的树叶投射到屋内的阳光，明亮的光线中似乎还有像小精灵一样的灰尘在跳舞。

春天，万物复苏，我们看到的是一个万紫千红的世界；夏天，火红的太阳烘烤着大地，好像要把一切都烤熟了，世界都变成了火红色；秋天，硕果累累，是收获的季节，深秋之后，黄叶纷飞，世界开始变得萧瑟；冬天，大雪纷飞，白雪皑皑。

因为我们有了明亮的双眼，我们才能看到这个美丽的世界，但是我们眼中的这个世界，绝对不是我们想象的那么简单，"五光十色"的背后包含了很多的奥妙，现在就让我们带上眼睛，到光与色的美丽世界里遨游吧！

眼睛是一个可以感知光线的器官。简单的眼睛结构可以探测周围环境的明暗，而复杂的眼睛结构则可以提供视觉。复眼通常在节肢动物中发现，由很多简单的小眼面组成，并产生一个影像（不是通常想象的多影像）。在很多脊椎动物和一些软体动物中，眼睛通过把光投射到视网膜成像，在那里，光线被接受并转化成信号，通过视神经传递到脑部。通常眼睛是球状的，当中充满透明的凝胶状的物质，有一个聚焦用的晶状体，通常还有一个可以控制进入眼睛光线多少的虹膜。

眼睛是人类感观中最重要的器官之一，大脑中大约有80%的知识和记忆都是通过眼睛获取的。读书认字、看图赏画、看人物、欣赏美景等都要用到眼睛。眼睛能辨别不同的颜色和光线，再将这些视觉形象转变成神经信号，传送给大脑。视觉对人如此重要，因此每个人每隔一两年都应检查一次视力。

眼睛的结构 〉

人的眼睛近似球形，位于眼眶内。正常成年人其前后径平均为24mm，垂直径平均23mm。最前端突出于眶外12～14mm，受眼睑保护。眼球包括眼球壁、眼内腔和眼内容物以及视神经、血管等组织。

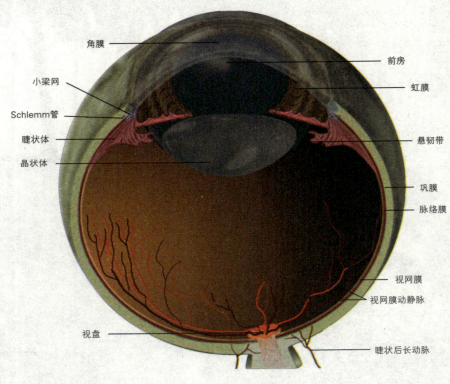

角膜
前房
小梁网
虹膜
Schlemm管
睫状体
悬韧带
晶状体
巩膜
脉络膜
视网膜
视网膜动静脉
视盘
睫状后长动脉

眼睛的结构

• 眼球壁

眼球壁主要分为外膜、中膜和内膜三层。

外膜由角膜、巩膜组成。前1/6为透明的角膜，其余5/6为白色的巩膜，俗称"眼白"。眼球外层起维持眼球形状和保护眼内组织的作用。角膜是接收信息的最前哨入口，是眼球前部的透明部分，光线经此射入眼球。角膜稍呈椭圆形，略向前突。横径为11.5～12mm，垂直径约10.5～11mm。周边厚约1mm，中央约为0.6mm。角膜前的一层泪液膜有防止角膜干燥，保持角膜平滑和光学特性的作用。

很容易与相邻的基质层及内皮细胞分离。后弹力层坚固，对化学物质和病理损害的抵抗力强。

内皮细胞为单层细胞，约由50万个六边形细胞所组成，细胞高约5um，宽18～20um，细胞核位于细胞的中央部，为椭圆形，直径约7um。

眼角膜的感觉神经丰富，主要由三叉神经的眼支经睫状神经到达角膜。

如果把眼睛比喻为相机，那么眼角膜就是相机的镜头，眼睑和眼泪都是保护"镜头"的装置。在我们毫无知觉的情况下，眼皮会眨动，在每次眨眼时，就有眼泪在眼角膜的表面蒙上一层薄薄的泪膜，来保护"镜头"。

由于眼角膜是透明的，上面没有血管。因此，眼角膜主要是从泪液中获取营养，如果眼泪所含的营养成分不够充分，眼角膜就变得干燥，透明度就会降低。眼角膜

角膜含丰富的神经，感觉敏锐。因此角膜除了是光线进入眼内和折射成像的主要结构外，也起保护作用，并是测定人体知觉的重要部位。巩膜为致密的胶原纤维结构，不透明，呈乳白色，质地坚韧。

角膜分为五层，由前向后依次为：上皮细胞层、前弹力层、基质层、后弹力层、内皮细胞层。上皮细胞层厚约50um，占整个角膜厚度的10％，由5～6层细胞所组成，角膜周边部分上皮增厚，细胞增加到8～10层。过去认为前弹力层是一层特殊的膜，用电镜观察显示，该膜主要由胶原纤维构成。基质层由胶原纤维构成，厚度约500um，占整个角膜厚度的90％，基质层共包含200～250个板层，板层相互重叠在一起。板层与角膜表面平行，板层与板层之间也平行，保证了角膜的透明性。后弹力层是角膜内皮细胞的基底膜，

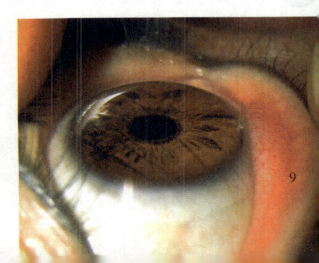

也会从空气中获得氧气，所以一觉醒来后很多人会觉得眼睛有些干燥。

中膜又称葡萄膜或色素膜，具有丰富的色素和血管，包括虹膜、睫状体和脉络膜三部分。虹膜呈环圆形，在葡萄膜的最前部分，位于晶体前，有辐射状皱褶，表面含不平的隐窝。

不同种族人的虹膜颜色不同。中央有 2.5～4mm 的圆孔，称作瞳孔。睫状体前接虹膜根部，后接脉络膜，外侧为巩膜，内侧则通过悬韧带与晶体赤道部相连。脉络膜位于巩膜和视网膜之间。脉络膜的血循环营养是网膜外层，它含有的丰富色素起遮光暗房作用。

内膜为视网膜，是一层透明的膜，也是视觉形成的神经信息传递的第一站，具有很精细的网络结构及丰富的代谢和生理功能。视网膜的视轴正对终点为黄斑中凹。黄斑区是视网膜上视觉最敏锐的特殊区域，直径约 1～3mm，其中央为一小凹，即中心凹。黄斑鼻侧约 3mm 处有一直径约为 1.5mm 的淡红色区被称作为视盘，亦称视乳头，它是视网膜上视觉纤维汇集向视觉中枢传递的出眼球部位，无感光细胞，因此视野上呈现为固有的暗区，称作生理盲点。

• 眼内腔和眼内容物

眼内腔包括前房、后房和玻璃体腔。眼内容物包括房水、晶状体和玻璃体，三者均透明，与角膜一起共称为屈光介质。

房水由睫状体产生，与营养角膜、晶体及玻璃体共同维持眼压。晶状体为富有弹性的透明体，形如双凸透镜，位于虹膜之后玻璃体之前。玻璃体为透明的胶状体，约占眼球内腔的 4/5，主要成分为水。玻璃体有屈光作用，也起支撑视网膜的作用。

• 视神经和视路

视神经是中枢神经系统的一部分。视网膜所得到的视觉信息，经视神经传送到大脑。视路是指从视网膜接受视觉信息到大脑视觉皮层形成视觉的整个神经冲动传递的径路。

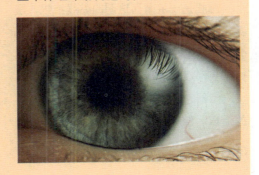

和鼻泪管四部分。

眼外肌是控制眼球运动的中轴肌。眼有注视、跳动、追随 3 种运动。眼外肌共有 6 条：直肌 4 条、斜肌 2 条。直肌起于总腱环，收缩时使眼球向内、外、上、下转动：1. 内直肌附着于角膜缘后约 5.5mm 处巩膜上，肌腱全长约 3.7mm，宽约 10.3mm，使眼球内转。2. 外直肌附着于角膜缘后约 6.9mm 处巩膜上，肌腱约长 8.8mm，宽约 9.2mm，使眼球外转。3. 上直肌附着于眼球垂直经径上方、角膜缘后约 7.7mm 处巩膜上，其附着线不与角膜平行，而是鼻侧端较颞侧端靠前，肌肉平面与视轴夹角为 23°，肌腱长约 5.8mm，宽约 10.6mm，主要作用为使眼球上转，次要作用为内转和内旋。4. 下直肌附着于眼球垂直径经下方、角膜缘后 6.5mm 处巩膜上，其附着线鼻侧端较颞侧端靠前，肌肉平面与视轴夹角为 23°，肌腱长约 5.5mm，宽约 9.8mm，主要作用为使眼球下转，次要作用为内转和外旋。斜肌有上斜肌和下斜肌两种，主要作用为使眼球内旋和外旋，2 条斜肌均与视轴成 51° 角。

眼眶是由额骨、蝶骨、筛骨、腭骨、泪骨、上颌骨和颧骨 7 块颅骨构成，呈稍向内、向上倾斜，四边有锥形的骨窝，其口向前，尖朝后，有上下内外四壁。成人眶深 4～5cm。眶内除眼球、眼外肌、血管、神经、泪腺和筋膜外，各组织之间充满脂肪，起软垫作用。

• 眼附属器

眼附属器包括眼睑、结膜、泪器、眼外肌和眼眶。

眼睑分上睑和下睑，居眼眶前口，覆盖眼球前面。上睑以眉为界，下睑与颜面皮肤相连。上下睑间的裂隙称睑裂。两睑相联接处，分别称为内眦和外眦。内眦处有肉状隆起称为泪阜。上下睑缘的内侧各有一有孔的乳头状突起称为泪点，为泪小管的开口。生理功能：主要功能是保护眼球。由于经常瞬目，故可使泪液润湿眼球表面，使角膜保持光泽，并可清除结膜囊内灰尘及细菌。

结膜是一层薄而透明的黏膜组织，覆盖在眼睑后面和眼球前面。按解剖部位可分为睑结膜、球结膜和穹隆部结膜三部分。由结膜形成的囊状间隙称为结膜囊。

泪器包括分泌泪液的泪腺和排泄泪液的泪道。泪道包括：泪点、泪小管、泪囊

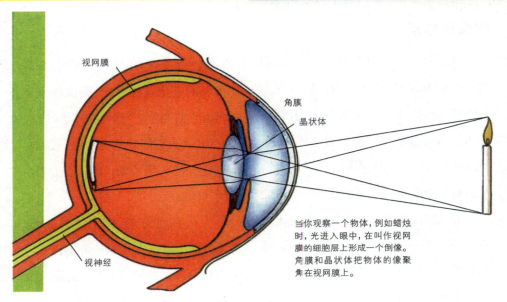

视网膜

角膜

晶状体

视神经

当你观察一个物体，例如蜡烛时，光进入眼中，在叫作视网膜的细胞层上形成一个倒像。角膜和晶状体把物体的像聚焦在视网膜上。

眼睛成像示意图

眼睛的成像 ＞

眼睛通过调节晶状体的弯曲程度（屈光）来改变晶状体焦距获得倒立的、缩小的实像。眼睛所能看到的最远的点叫远点，正常眼睛所能看到的远点在极远处；眼睛所能看到的最近的点叫近点，正常眼睛的近点在距离眼睛约10cm处。长时间用眼会导致眼睛发胀、头疼、眼花、眼睛酸涩、眼睛发干等眼疲劳现象。

13

眼睛的性能 〉

　　科学研究表明，眼睛的性能与太阳的关系最为密切。这正如前苏联科学家瓦比洛夫所指出的："眼睛是人类经过长期的极其复杂的自然选择的结果。它是外部世界、外界媒质作用以及生存斗争，人们对外部世界很好适应性水平的总变异"。他同时还认为："人眼是对地球上太阳光线的适应结果，不掌握太阳知识，就不能明白眼睛的作用机制。"事实上，人眼发展成为今天这样一个复杂灵巧、惟妙传神的光学系统，是人类漫长进化的一个必然结果。这正是太阳的杰作。

　　科学实验和研究表明，宇宙天体发出的电磁波，包括了从无线电波到γ射线的很宽范围。对于这些从宇宙空间投来的电磁辐射，地球大气层仅仅留下两个允许通行的"天窗"，一个是波长范围在 $0.39\sim0.76\,\mu m$ 的光学窗口（或称可见光窗口），另一个是波长10mm左右的射电窗口（或称无线电窗口）。也就是说，地球大气层只对这两个波段的电磁辐射才是"透明"的。

　　拿太阳来说，它除了发出可见光之外，其他波段的电磁辐射则由于被地球大气吸收，在到达地面之前就已基本"耗尽"。既然它们不能"参与"照明，那么，在漫长的进化过程中，人眼也就没有必要再为它们"设置"感光细胞了。这就说明，为什么人眼能够感受到的"可见光"是在这样的一个波段，而不是在电磁波谱的其他波段。

　　人眼所能接受的光波波长约在390nm～760nm，这个波段范围正好与光学窗口所透过的波段吻合，这是人眼对大自然（或说对太阳）适应的结果。

　　而另一个电磁波窗口则被现代天文学（射电望远镜）用来探索来自宇宙的射电信息，故称射电窗口。

常见的眼病及其成因 ⟩

• 高度近视

　　成因：高度近视的成因比较复杂，影响因素也很多，主要的因素大致划分为遗传因素、环境因素和营养体质因素三种。

　　1. 遗传因素：高度近视的遗传类型，多数结论是常染色体隐性遗传。因此父代与子代可以不同时出现近视。

　　2. 环境因素：从大量国内外有关调查研究报告显示，遗传与环境是近视眼形成的两个主要因素，并指出环境因素是决定近视眼形成的客观因素。

　　3. 营养体质因素：根据一些数据分析得到，微量元素镉、锶和锌等的缺乏和体质的薄弱也可影响到近视的发生，但是这些因素是通过什么途径影响近视发生的则各有说法。

　　近视的自我鉴别：

　　1. 视力减退：近视眼主要是远视力逐渐下降，视远物模糊不清，近视力正常。但高度近视常因屈光间质混浊和视网膜、脉络膜变性引起，其远近视力都不好，有时还伴有眼前黑影浮动。

　　2. 视力疲劳：视力疲劳表现为眼胀、眼痛、头痛、视物有双影虚边等自觉症状。

　　3. 眼底改变：轻度近视患者眼底一般无改变。中度以上近视患者视乳头较大、色淡，其边缘有新月形或半月形弧形斑。高度近视患者常出现玻璃体液化、混浊，眼底呈豹纹状，严重者视网膜会相继萎缩变性，从而发生裂孔，导致视网膜脱离，严重影响视力。

　　4. 眼球突出：高度近视患者由于眼球变大，外观上呈现眼球向外突出的状态。

15

• 白内障

成因：人眼的晶状体发生了混浊，医学上称这种现象为白内障。人的眼睛犹如一部照相机，晶状体就像照相机的镜头，而眼底的视网膜则相当于胶卷。白内障就如照相机的镜头变混浊了，光就难以照射至胶卷——视网膜上，也就难以得到良好的图像。

白内障的自我鉴别：

1. 渐进性视力下降，看东西变得模糊。

常见的症状是视物逐渐模糊，有时会觉得光线周围出现光圈以及物体的颜色不够明亮。若是在夜间开车，会觉得对面过来的汽车车头灯灯光太刺眼而感到不适或烦躁。但一般而言，症状发展的过程相当缓慢，并视晶状体最混浊的位置及其发展过程而定。

2. 不需要戴老花镜了。

部分老年人平时需要戴老花镜来看书读报，但忽然他们发现自己不需要戴老花镜看得也很清楚。有的老年人很开心，觉得自己越活越年轻，"返老还童"了。事实上，这不是个好兆头，这是白内障的早期症状之一。

• 青光眼

病因：青光眼在日本又称为"绿内障"，是指眼内压升高，引起视神经损伤萎缩，进而造成各种视觉障碍和视野的缺损，是最常见的致盲性疾病之一。

眼球的前房和后房充满着一种稀薄而透明的液体——房水。正常情况下，房水在后房产生，通过瞳孔进入前房，然后经过外引流通道出眼。如果某些因素使房水的这种循环途径受阻（通常受阻部位位于前房外引流通道），致使房水在眼内积聚，引起眼压升高，从而损伤到视神经。

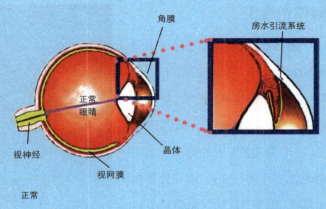

正常

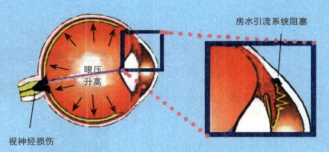

青光眼

青光眼的自我诊断：

1.急性闭角型青光眼：发病急骤，典型表现为患眼侧头部剧痛，眼球充血，视力骤减。疼痛向三叉神经分布区域的眼眶周围、鼻窦、耳根、牙齿等处放射；眼压可迅速升高，眼球坚硬，常引起恶心、呕吐、出汗等；患者可看到白炽灯周围出现彩色晕轮就像雨后彩虹即虹视现象。

2.亚急性闭角型青光眼（包括亚临床期、前驱期和间歇期）：患者仅感轻度不适，甚至无任何症状，视力下降，眼球充血较轻，常在傍晚发病，经睡眠后缓解。如没及时诊治，以后发作间歇将逐渐缩短，每次发作时间逐渐延长，并向急性或慢性转化。

3.慢性闭角型青光眼：自觉症状不明显，发作时轻度眼胀、头痛，阅读困难，常有虹视现象，到亮处或睡眠后症状可缓解。此类型青光眼常反复发作，早期发作间歇时间较长，症状持续时间短；多次发作后，发作间隔缩短，持续时间延长。如治疗不当，病情逐渐发展，晚期视力明显下降，视野严重缺损。

眼睛的保健 〉

眼睛是人类直接了解客观世界的视觉器官，没有眼睛，我们对四周的感觉将是一片黑暗。要保护眼睛，必须从以下几个方面做起：

1.预防近视。不在强烈或太暗的光线下看书、写字。读写姿势要坐端正，眼与书之间要保持30cm以上的距离。不躺着看书。

2.读写时间不宜过长。每隔50分钟左右要放松休息一下，或是做眼保健操，或是到窗前眺望远处。

3.不要长时间观看电视节目、操作电脑和玩电子游戏。

4.注意防止眼外伤。异物入眼时要用正确的方法处理。

5.不用手揉眼睛，不用脏手帕或脏毛巾擦眼睛。不与他人共用毛巾、脸盆等浴具。

6.不要直视太阳（尤其是在正午）和电焊光，以免烧伤眼睛。

7.患上眼疾要及时医治，同时注意不要将病菌传染给他人。

● 保护眼睛的方法

1. 光线充足：光线要充足舒适，光线太弱，字体看不清楚，就会越看越近视。

2. 反光要避免：书桌应有边灯装置，其目的在减少反光，以降低对眼睛的伤害。

3. 阅读时间不要太长：无论做功课或看电视，时间不可太长，每1小时左右休息片刻为佳。

4. 坐姿要端正：不可弯腰驼背，靠得很近或趴着做功课，这样易造成睫状肌紧张过度而引起疲劳，进而造成近视。

5. 看书距离应适中：书本与眼睛之间的标准距离以30cm为准，且桌椅的高度也应与身体相适应，不可勉强将就。

6. 看电视距离不要太近：看电视时应保持与电视画面对角线6至8倍的距离，每1小时应休息片刻为宜。

7. 睡眠不可少，作息有规律：睡眠不足身体易疲劳，易造成假性近视。

8. 多做户外运动：经常眺望远处放松眼肌，防止近视，与大自然多接触，青山绿野有益于眼睛的健康。

9. 营养摄取应均衡：不可偏食，应特别注意维生素B类（胚芽菜、麦片、酵母）的摄取。

19

电脑操作人员的护眼妙招

1. 注意养成良好的卫生习惯：电脑操作者不宜一边操作电脑一边吃东西，也不宜在操作室内就餐，否则易造成消化不良或胃炎。电脑键盘接触者较多，工作完毕应洗手以防传染病。

2. 注意保持皮肤清洁：应经常保持脸部和手的皮肤清洁。因为电脑荧光屏表面存在着大量静电，其集聚的灰尘可转射到操作者脸部和手的皮肤裸露处，如不注意清洁，时间久了，易发生难看的斑疹、色素沉着，严

重者甚至会引起皮肤病变，影响美容与身心健康。

3. 注意补充营养：电脑操作者在荧光屏前工作时间过长，视网膜上的视紫红质会被消耗掉，而视紫红质主要由维生素 A 合成。因此，电脑操作者应多吃些胡萝卜、白菜、豆芽、豆腐、红枣、橘子以及牛奶、鸡蛋、动物肝脏、瘦肉等食物，以补充人体内维生素 A 和蛋白质。平时可多饮些茶，茶叶中含有茶多酚等活性物质，有吸收与抵抗放射性物质的作用，

对人体遗传基因有一定的保护作用。

4.注意正确的姿势：操作时坐姿应正确舒适。应将电脑屏幕中心位置安装在与操作者胸部同一水平线上，眼睛与屏幕的距离应在40～50cm，最好使用可以调节高低的椅子。在操作过程中，应经常眨眼睛或闭目休息一会儿，以调节和改善视力，预防视力减退。

5.注意工作环境：电脑室内光线要适宜，不可过亮或过暗，避免光线直接照射在荧光屏上而产生干扰光线。定期清除室内的粉尘及微生物，清理卫生时最好用湿布或温拖把，对空气过滤器进行消毒处理，合理调节风量，更换新鲜空气。如果是在家中进行电脑操作，

也应尽量使用防护屏，以最大可能地减少辐射对人体的危害。

6.注意劳逸结合：一般来说，电脑操作人员在连续工作1小时后应该休息10分钟左右。并且最好到操作室之外活动手脚与躯干，散散步，做做广播操，进行积极的休息，或者在室内做眼睛保健操和活动头部（很多人抱怨颈椎疼，活动头部会有帮助）。

7.注意保护视力：要保护好视力，除了定时休息、注意补充含维生素A类丰富的食物之外，最好注意远眺，经常做眼睛保健操，保证充足的睡眠时间。

● 光

　　光是人类眼睛可以看见的一种电磁波，也称可见光谱。在科学上的定义，光是指所有的电磁波谱。光是由光子为基本粒子组成，具有粒子性与波动性，称为波粒二象性。光可以在真空、空气、水等透明的物质中传播。对于可见光的范围没有一个明确的界限，一般人的眼睛所能接受的光的波长在380～760nm之间。人们看到的光来自于太阳或借助于产生光的设备，包括白炽灯泡、荧光灯管、激光器、萤火虫等。

　　光线是表示光的传播方向的直线，光线是一种几何的抽象，在实际当中不可能得到一条光线。在几何光学中，不把光看作电磁波，而看作光能量传播方向的几何线，这种几何线称为光线。光线有红外线、紫外线、可见光3种。

光的奥秘 >

微积分以"微分方程"的语言来表述，描述事物在时间和空间中如何顺利地经历细微的变化。海洋波浪、液体、气体和炮弹的运动都可以用微分方程的语言进行描述。麦克斯韦抱着清晰的目标开始了工作——用精确的微分方程表达法拉第革命性的研究结果和他的立场。

麦克斯韦从法拉第电场可以转变为磁场且反之亦然这一发现着手。他采用了法拉第对于力场的描述，并且用微分方程的精确语言重写，得出了现代科学中最重要的方程组之一。它们是一组8个看起来十分深奥的方程式。世界上的每一位物理学家和工程师在研究生阶段学习掌握电磁学时都必须努力消化这些方程式。

随后，麦克斯韦向自己提出了具有决定性意义的问题：如果磁场可以转变为电场，并且反之亦然，那若它们被永远不断地相互转变会发生什么情况？麦克斯韦发现这些电磁场会制造出一种波，与海洋波十分类似。令他吃惊的是，他计算了这些波的速度，发现那正是光的速度！在1864年发现这一事实后，他预言性地写道："这一速度与光速如此接近，看来我们有充分的理由相信光本身是一种电

磁干扰。"

　　这可能是人类历史上最伟大的发现之一。有史以来第一次，光的奥秘被揭开了。麦克斯韦突然意识到，从日出的光辉、落日的红焰、彩虹的绚丽色彩到天空中闪烁的星光，都可以用他匆匆写在一页纸上的波来描述。今天我们意识到整个电磁波谱——从电视天线、红外线、可见光、紫外线、X射线、微波和γ射线都只不过是麦克斯韦波，即振动的法拉第力场。根据爱因斯坦的相对论，光在路过强引力场时，光线会扭曲。

光污染 〉

　　没有光线就没有色彩，世界上的一切都将是漆黑的。对于人类来说，光和空气、水、食物一样，是不可缺少的。眼睛是人体最重要的感觉器官，人眼对光的适应能力较强，瞳孔可随环境的明暗进行调节。但如果长期在弱光下看东西，视力就会受到损伤。相反，强光可使人眼瞬时失明，重则造成永久性伤害。因此人们必须在适宜的光环境下工作、学习和生活。另一方面，人类活动可能对周围的光环境造成破坏，使原来适宜的光环境变得不适宜，这就是光污染。光污染是一类特殊形式的污染，它包括可见光、激光、红外线和紫外线等造成的污染。

• 眩光污染

可见光污染比较多见的是眩光污染。例如每当夜晚在马路边散步时，迎面而来的机动车前照明灯把行人晃得眼都睁不开，这就是一种光污染，叫作——眩光污染。

这种耀目光源不但在马路上常见，在一些工矿企业也常常会看到。如在烧熔、冶炼以及焊接过程中，极强的光线也是有害的光污染。可见光污染危险性较大的是核武器爆炸时的强光，它可使相当范围内的人们的眼睛受到伤害。如果没有适当的防护措施，长期从事电焊、冶炼和熔化玻璃等工作的人，眼睛都会受到伤害，出现盲斑，到年老时容易患白内障，这是强光伤害眼睛晶状体的结果。

随着现代化城市的日益发展，一种新的都市光污染正在威胁着人的健康。这种新的都市光污染是：闹市中的商场、公司、写字楼、饭店、宾馆、酒楼、发廊及舞厅等都采用大块的镜面玻璃，不锈钢板及铝合金门窗装饰。有的甚至从楼顶到底层全部用镜面玻璃装饰，使人仿佛置身于镜子的世界，方向难辨，因而发生意外。日落之后，夜幕低垂、都市里繁华街道上的各种广告牌、霓虹灯、瀑布灯等又都亮了起来，光彩夺目，使人仿佛置身于人工白昼之中。进入现代化的舞厅，人们为追求刺激效果，常常采用"色光源"、"耀日光源"、"旋转光源"等，令人眼花缭乱。对于上述这些光污染源，国内外科学家研究认为，都市的光污染会严重地干扰人们的神经系统，使人的正常视觉活动受到影响。

• 激光污染

　　激光是由激光器发出的一种特殊光，它的颜色单一，强度极大。目前，激光已有几千种颜色，具有许多优点，并得到广泛应用。但是由于激光的能量集中，亮度很高，所以比别的光产生的伤害更大。激光的能量如连续不断地发出，最大功率可达几万千瓦，瞬间功率可达上万亿千瓦，几秒钟内即可把一块厚厚的钢板打穿，更不用说人了。因此，激光又被人称为死光。激光造成的环境污染有两方面：一是激光束穿过空气时使许多物质（如尘土）气化，造成大气污染；另一方面是激光不仅会伤害眼睛的结膜、虹膜和晶状体，还可能直接危害人体深层组织和神经系统。目前，激光主要应用于激光工业（切割、打孔等）、测绘、医疗以及科研等领域。

• 红外线污染

红外线在军事、人造卫星以及工业、农业、卫生科研等方面有着广泛的应用。红外线的污染也是不可忽视的。红外线是一种不可见光线,其主要作用是热作用,较强的红外线照射人体,可造成皮肤伤害,出现与烫伤相似的皮肤烧伤。红外线同样对人眼有伤害,它能伤害眼底视网膜,也可能造成角膜灼伤和虹膜伤害。

紫外线污染

紫外线也是一种不可见光线,它在生产、国防和医学上都有广泛的应用。例如消毒、杀菌、治疗某些皮肤病和软骨病等,还用于人造卫星对地面的探测。但是紫外线同样对人体有伤害,主要是伤害人的眼睛和皮肤,长期过量照射紫外线,会使眼睛角膜表现出角膜自免伤害,会使皮肤出现光照性皮炎。严重时,会使皮肤脱皮坏死,甚至引起皮肤癌变。紫外线这种伤害皮肤的作用也是一种光污染。

光的速度 〉

光在真空中传播的速度通常用字母 c 表示。电磁波在真空中传播速度也为 c。c 是物理学中最重要的基本常数之一。目前国际公认值为 $c=299792458m/s$。在折射率为 n 的媒质中，光的传播速度为 $v=c/n$。狭义相对论指出，真空中的光速是宇宙间速度的极限。

17世纪以前，科学家认为光速无限大。意大利物理学家伽利略首先提出光速是有限的，并于1607年用类似测声速的方法测量光速，未获得成功。以后，人们寻求着可行办法，并获得一系列成功。1676年丹麦天文学家O·C·罗默在观察木星的卫星食过程中，用光速有限的原理解释了星食周期不定的现象，并且第一次粗测出光速。罗默通过连续一年的观察算出光速大约为215000km/s。1727年，英国天文学家J·布拉得雷观测光行差现象，估算光速值大约为308300km/s。1849年，法国物理学家A·H·L·斐索用齿轮法首次在地面实验室中成功地测量出光速大约为312000km/s。但是该实验中不易精确地测定像消失的瞬间，影响了测量的精度。自此以后，人们多次改进实验方法，以求能精确地测量光速。1850

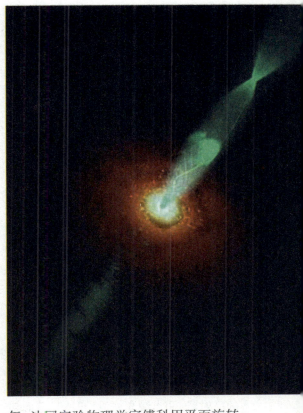

年，法国实验物理学家傅科用平面旋转镜代替旋转齿轮测光速，得到光速值大约为298000km/s。首次测出光在水中的速度小于在真空中的速度，成为波动说战胜微粒说的一个重要实验依据。1926年，美国实验物理学家A·A·迈克耳孙用一个八面体旋转镜代替了齿轮和平面旋转镜。测得光速的平均值为299796km/s。1928年起，又有人用克尔盒法测定光速。克尔盒是能控制光束强度以极高频率变化的光学部件，以它代替旋转镜。

1952年，英国实验物理学家K·D·弗罗姆用微波干涉仪法测得光速值大约为299792.50km/s。此值于1957年被国际组织定为国际推荐值，一直使用到1973年。1972年，美国标准局的埃文森直接测量激光的频率和在真空中的波长值，根据$c=f\lambda$，得到光速值为$c=299792458$m/s。经1975年国际计量大会确认为国际推荐值。

由于光速是恒定值，而且对它的测量已达到相当的精度，因而1983年第17届国际计量大会通过新的米的定义为："米是光在真空中在1/299792458秒的时间间隔内行程的长度。"利用光速可测量距离，如将强大的激光束射向安放在月球的反射器，测出激光往返的时间，从而精确地测出月地间的距离。飞机和卫星也利用激光脉冲的传播时间来精确地测量距离。光速又与真空磁导率μ_0、真空介电常数ε_0以及近代物理学中的一些常数有关。因此，提高光速测量的精度有很大的意义。

光的色散 〉

复色光分解为单色光的现象叫作光的色散。色散可以利用棱镜或光栅等作为"色散系统"来实现让一束白光射到玻璃棱镜上，光线经过棱镜折射以后就在另一侧面的白纸屏上形成一条彩色的光带，其颜色的排列是靠近棱镜顶角端是红色，靠近底边的一端是紫色，中间依次是橙黄绿蓝靛，这样的光带叫光谱。

光谱中每一种色光不能再分解出其他色光，称它为单色光。由单色光混合而成的光叫复色光。自然界中的太阳光、白

光的特性 〉

所有的光，无论是自然光或人工室内光，都有其特征：1.明暗度：明暗度表示光的强弱。它随光源能量和距离的变化而变化。2.方向：只有一个光源，方向很容易确定。而有多个光源诸如多云天气的漫射光，方向就难以确定，甚至完全迷失。3.色彩：光随不同的本源，并随它穿越的物质的不同而变化出多种色彩。自然光与白炽灯光或电子闪光灯作用下的色彩不同，而且阳光本身的色彩，也随大气条件和一天时辰的变化而变化。

炽灯和日光灯发出的光都是复色光。在光照到物体上时，一部分光被物体反射，一部分光被物体吸收或透过。透过的光决定透明物体的颜色，反射的光决定不透明物体的颜色。不同物体，对不同颜色的反射、吸收和透过的情况不同，因此呈现不同的色彩。

比如一个黄色的光照在一个蓝色的物体上，那个物体显示的是黑色，因为蓝色的物体只能反射蓝色的光，而不能反射黄色的光，所以把黄色光吸收了，就只能看到黑色了。但如果是白色的话，就反射所有的色。

光的理论学说 〉

• 电磁说

电磁说是说明光在本质上是电磁波的理论。电磁辐射不仅与光相同，并且其反射、折射以及偏振的性质也相同。由麦克斯韦的理论研究表明，空间电磁场是以光速传播。光的电磁理论能够说明光的传播、干涉、衍射、散射、偏振等许多现象，但不能解释光与物质相互作用中的能量量子化转换的性质，所以还需要近代的量子理论来补充。

• 微粒说

微粒说是关于光的本性的一种学说。17世纪曾被牛顿等科学家所提倡。这种学说认为光是由光源发出的微粒，它们从光源沿直线行进至被照物，因此可以想象为一束由发光体射向被照物的高速微粒。微粒说很直观地解释了光的直线前进及反射、折射等现象，曾被科学家们普遍接受；直到19世纪初光的干涉等现象发现后，才被波动说所推翻。1905年提出光是一种具有粒子性的实物，但这种观念并不摒弃光具有波动性质。这种关于光的波粒二象性的认识，是量子理论的基础。

• 波动说

波动说也是关于光的本性的一种学说。第一位提出光的波动说的是与牛顿同时代的荷兰人惠更斯。他在 17 世纪创立了光的波动学说，与光的微粒学说相对立。他认为光是一种波动，由发光体引起，和声一样依靠媒质来传播。这种学说直到 19 世纪初当光的干涉和衍射现象被发现后才得到广泛承认。19 世纪后期，在电磁学的发展中又确定了光实际上是一种电磁波，并不是同声波一样的机械波。1888 年德国物理学家赫兹用实验证明了电磁波的存在，从此奠定了光的电磁理论。

• 光的波粒二象性

光电效应以及康普顿效应无可辩驳地证明了光是一种粒子，但是光的干涉和光的衍射又表明光确实是一种波。光到底是什么? 光是一种波，同时也是一种粒子，光具有波粒二象性。这就是现代物理学的回答。

33

光的传播 ＞

光在同一种均匀的介质中沿直线传播。光在两种均匀介质的接触面上是要发生折射的，此时光就不是直线行进了。用波动学解释光的传播：传播途中每一点都是一个次波点源，发射的是球面波，对光源面（一个有限半径的面积）发出的所有球面波积分，当光源面远大于波长时结果近似为等面积、同方向的柱体，即表现为直线传播，实际上也有发散（理想激光除外）。比如手电发出的光有很明显的发散。光的亮度越强大，离照明参照物越近，光的单色性越好，发散越不明显。当光源半径与波长可比拟时积分的近似条件不成立，积分结果趋向球面波，即表现为衍射。

光在均匀介绍中是直线传播的，但当光遇到另一均匀介质时方向会发生改变，改变后依然沿直线传播。而在非均匀介质中，光一般是按曲线传播的。光是沿前后左右上下各个方向传播的，光的亮度越亮，扩散越不明显，当光亮度较暗时，由发光体到照明参照物的光会扩大，距离越远，扩散的越大，由最初的形状扩散到消失为止，而当发光体离照明参照物零距离时，光的形状是发光体真正的形状大小，所以光传播的方向与光的亮度、光与照明参照物的距离有关！

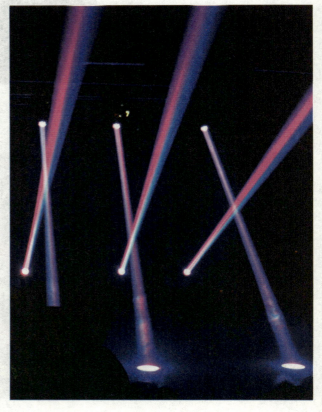

日食的成因

日食、月食是光在天体中沿直线传播的典型例证。月亮运行到太阳和地球中间并不是每次都发生日食，发生日食需要满足两个条件：其一，日食总是发生在朔日（农历初一），但不是所有朔日必定发生日食，因为月球运行的轨道（白道）和太阳运行的轨道（黄道）并不在一个平面上。白道平面和黄道平面有5°9′的夹角。其二，太阳和月球都移到白道和黄道的交点附近，太阳离交点处有一定的角度（日食限）。

由于月球、地球运行的轨道都不是正圆，日、月同地球之间的距离时近时远，所以太阳光被月球遮蔽形成的影子，在地球上可分成本影、伪本影（月球距地球较远时形成的）和半影。观测者处于本影范围内可看到日全食；在伪本影范围内可看到日环食；而在半影范围内只能看到日偏食。

月球表面有许多高山，边缘是不整齐的。在食既或者生光到来的瞬间月球边缘的山谷未能完全遮住太阳时，未遮住部分形成一个发光区，像一颗晶莹的"钻石"，周围淡红色的光圈构成钻戒的"指环"，整体看来，很像一枚镶嵌着璀璨宝石的钻戒，叫"钻石环"。有时又会形成许多特别明亮的光线或光点，好像在太阳周围镶嵌一串珍珠，称作"贝利珠"（贝利是法国天文学家）。

无论是日偏食、日全食或日环食，时间都是很短的。在地球上能够看到日食的地区也很有限，这是因为月球比较小，它的本影也比较小而短，因而本影在地球上扫过的范围不广，时间不长，又由于月球本影的平均长度（373293km）小于月球与地球之间的平均距离（384400km），因此，就整个地球而言，日环食发生的次数多于日全食。

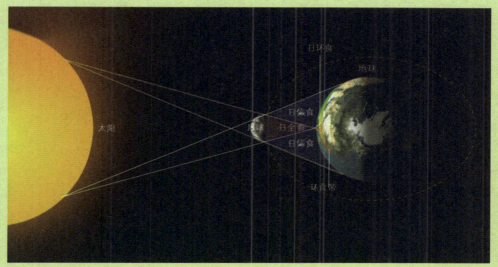

日食形成示意图

光源 〉

光源在物理学上指能发出一定波长范围的电磁波(包括可见光与紫外线、红外线、X光线等不可见光)的物体,通常指能发出可见光的发光体。凡物体自身能发光者,称作光源,又称发光体,如恒星、灯以及燃烧着的物质等都是。但像月亮表面、桌面等依靠反射外来光才能使人们看到它们,这样的反射物体不能称为光源。在我们的日常生活中离不开光源,可见光以及不可见光的光源还被广泛地应用到工农业、医学和国防现代化等方面。

光源可以分为自然(天然)光源和人造光源。此外,根据光的传播方向,光源可以分为点光源和平行光源。

光的简史 >

• 电光源的发展史

　　人类对电光源的研究始于 18 世纪末 19 世纪初，英国的 H·戴维发明碳弧灯。1879 年，美国的爱迪生发明了具有实用价值的碳丝白炽灯后改进为钨丝白炽灯，使人类从漫长的火光照明进入电气照明时代。1912 年，美国的 I·朗缪尔等人对充气白炽灯进行研究，提高了白炽灯的发光效率并延长了寿命，扩大了白炽灯应用范围。20 世纪 30 年代初，低压钠灯研制成功。1938 年，欧洲和美国研制出荧光灯，发光效率和寿命均为白炽灯的 3 倍以上，这是电光源技术的一大突破。40 年代高压汞灯进入实用阶段。50 年代末，体积和光衰极小的卤钨灯问世，改变了热辐射光源技术进展滞缓的状态，这是电光源技术的又一重大突破。60 年代开发了金属卤化物灯和高压钠灯，其发光效率远高于高压汞灯。80 年代出现了细管径紧凑型节能荧光灯、小功率高压钠灯和小功率金属卤化物灯，使电光源进入了小型化、节能化和电子化的新时期。

T·A·爱迪生

　　电光源的发明促进了电力装置的建设。电光源的转换效率高，电能供给稳定，控制和使用方便，安全可靠，并可方便地用仪器、仪表来计数耗能，因此在其问世后一百多年中，很快得到了普及。它不仅成为人类日常生活的必需品，而且在工业、农业、交通运输以及国防和科学研究中，都发挥着重要作用。

　　世界上的照明用电约占总发电量的 10%～20%。在中国，照明用电约占总发电量的 10%。随着中国现代化发展速度的加快，照明用电量逐年上升，而电力增长率又不相适应，因此，研制、开发和推广应用节能型电光源已引起人们的高度重视。

• 照明光源

照明光源是以照明为目的，辐射出主要为人眼提供视线的可见光谱（波长380～780nm）的电光源。它的规格品种繁多，功率从 0.1w 到 20kw 不等，产量占电光源总产量的 95% 以上。

照明光源品种很多，按发光形式分为热辐射光源、气体放电光源和电致发光光源三类。

热辐射光源指电流流经导电物体，使之在高温下辐射光能的光源。包括白炽灯和卤钨灯两种。

气体放电光源指电流流经气体或金属蒸气，使之产生气体放电而发光的光源。气体放电有弧光放电和辉光放电两种，放电电压有低气压、高气压和超高气压三种。弧光放电光源包括：荧光灯、低压钠灯等低气压气体放电灯，高压汞灯、高压钠灯、金属卤化物灯等高强度气体放电灯，超高压汞灯等超高压气体放电灯，以及碳弧灯、氙灯、某些光谱光源等放电气压跨度较大的气体放电灯。辉光放电光源包括：利用负辉区辉光放电的辉光指示光源和利用正柱区辉光放电的霓虹灯，二者均为低气压放电灯，此外还包括某些光谱光源。

电致发光光源指在电场作用下，使固体物质发光的光源，它将电能直接转变为光能。电致发光光源包括场致发光光源和发光二极管两种。

• 辐射光源

辐射光源是不以照明为目的，能辐射大量紫外光谱（100～400nm）和红外光谱（780～$1×10^6$nm）的电光源，它包括紫外光源、红外光源和非照明用的可见光源，以上三大类光源均为非相干光源。此外还有一类相干光源。它通过激发态粒子在受激辐射作用下发光，输出光波波长从短波紫外直到远红外，这种光源称为激光光源。

光线与影子 〉

物体遮住了光线的传播，不能穿过不透明物体而形成的较暗区域，就是我们常说的影子，它是一种光学现象。影子是一种光学现象，不是一个实体，只是一个投影。产生影子的条件是要有光和不透明物体两个必要条件。

影子分本影和半影两种。仔细观察电灯光下的影子，还会发现影子中部特别黑暗，四周稍浅。影子中部特别黑暗的部分叫本影，四周灰暗的部分叫半影。这些现象的产生都和光的直线传播有密切关系。假如把一个柱形茶叶筒放在桌上，旁边点燃一支蜡烛，茶叶筒就会投下清

晰的影子。如果在茶叶筒旁点燃两支蜡烛，就会形成两个相叠而不重合的影子。两影相叠部分完全没有光线射到，是全黑的，这就是本影；本影旁边只有一支蜡烛可照到的地方，就是半明半暗的半影。如果点燃三支甚至四支蜡烛，本影部分就会逐渐缩小，半影部分会出现很多层次。物体在电灯光下能生成由本影和半影组成的影子，也是这个道理。电灯是由一条弯曲的灯丝在发光，不止限于一点。从这一个点射来的光给物体遮住了，从另

一些点射过来的光并不一定全被挡住。很显然，发光物体的面积越大，本影就越小。如果我们在上述茶叶筒周围点上一圈蜡烛，这时本影完全消失，半影也淡得看不见了。科学家根据上述原理制成了手术用的无影灯。它将发光强度很大的灯在灯盘上排列成圆形，合成一个大面积的光源。这样，就能从不同角度把光线照射到手术台上，既保证手术视野有足够的亮度，同时又不产生明显的本影，所以取名无影灯。

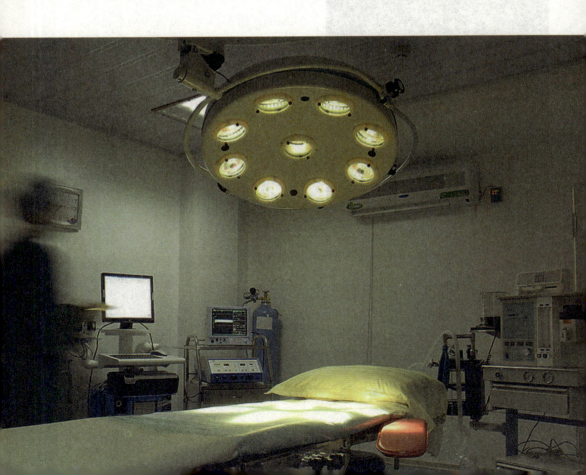

▷ 皮影戏

皮影戏，又称"影子戏"或"灯影戏"，是一种用灯光照射兽皮或纸板做成的人物剪影以表演故事的民间戏剧。表演时，艺人们在白色幕布后面，一边操纵戏曲人物，一边用当地流行的曲调唱述故事，同时配以打击乐器和弦乐，具有浓厚的乡土气息。在河南、山西农村，这种拙朴的民间艺术很受人们的欢迎。在过去电影、电视等媒体尚未发达的年代，皮影戏曾是最受欢迎的民间娱乐活动之一。

皮影戏是中国民间的一门古老传统艺术，老北京人都叫它"驴皮影"。千百年来，这门古老的艺术，伴随着祖祖辈辈的先人们，度过了许多欢乐的时光。皮影不仅属于傀儡艺术，还是一种地道的工艺品。它是用驴、马、骡皮，经过选料、雕刻、上色、缝缀、涂漆等几道工序做成的。皮影制作考究，工艺精湛，表演起来生趣盎然，活灵活现，由于受到外在环境以及兽皮材料质地上的差异等种种因素影响，皮影戏偶造型风格各不相同。元代时，皮影戏曾传到各个国家，这种源于中国的古老艺术，迷恋了无数的国外戏迷，人们亲切地称它为"中国影灯"。

● 光的折射

光的折射是光从一种透明介质斜射入另一种透明介质时，传播方向一般会发生变化，这种现象叫光的折射。理解：光的折射与光的反射一样都是发生在两种透明介质的交界处，只是反射光返回原介质中，而折射光则进入到另一种介质中，由于光在两种不同的物质里传播速度不同，故在两种介质的交界处传播方向发生变化，这就是光的折射。注意：在两种介质的交界处，既发生折射，同时也发生反射，反射光光速与入射光相同，折射光光速与入射光不同。

和彩虹一样，日晕也是高空的太阳光受到潮湿空气（特别是冰晶）折射而形成的。有时环绕太阳的两个甚至更多个圆形或弧形日晕变得极亮，形成所谓的"幻日景象"。月亮和其他亮星，如金星，有时也会有光晕。

生活中的折射现象 ⟩

鱼儿在清澈的水里面游动，可以看得很清楚。然而，沿着你看见鱼的方向去叉它，却叉不到。有经验的渔民都知道，只有瞄准鱼的下方才能把鱼叉到，这就是光的射射引起的。

从上面看水、玻璃等透明介质中的物体，会感到物体的位置比实际位置高一些，这是光的折射现象引起的。

由于光的折射，池水看起来比实际的浅。所以，当你站在岸边，看见清澈见底，深不过齐腰的水时，千万不要贸然下去，以免因为对水深估计不足，惊慌失措，发生危险。

把一块厚玻璃放在钢笔的前面，笔杆看起来好像"错位"了，这种现象也是光的折射引起的。

44

光的折射定律 ❯

光从空气斜射入水或其他介质中时，折射光线与入射光线、法线在同一平面上；折射光和入射光分居法线两侧；折射角小于入射角；入射角增大时，折射角也随着增大；当光线垂直射向介质表面时，传播方向不变；当光从水或其他介质中斜射入空气时，折射角大于入射角。在光的折射中，当路是可逆的。

折射定律分三点：三线一面；两线分居；两角关系。分三种情况：入射光线垂直界面入射时，折射角等于入射角等于0°；光从空气斜射入水等介质中时，折射角小于入射角；光从水等介质斜射入空气中时，折射角大于入射角（存在于空气中的角总是一个大角）。

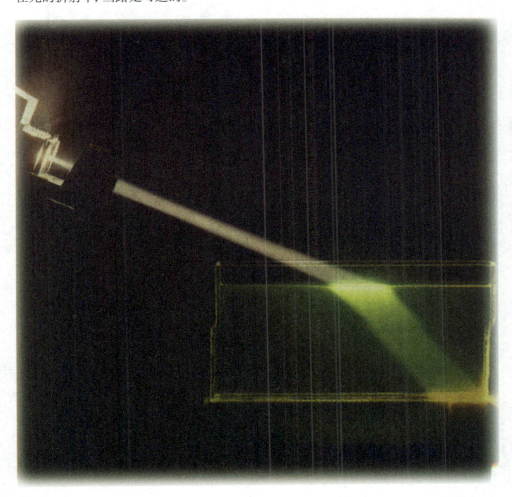

• 折射率

光从真空射入介质发生折射时，入射角与折射角符合斯涅尔定律。入射角 i 与折射角 r 的正弦之比 n 叫作介质的"绝对折射率"，简称"折射率"。

公式：n=sini/sinr ，这条公式被称为斯涅尔公式。

这条公式由荷兰数学家斯涅尔发现，是在光的折射现象中，确定折射光线方向的定律。当光由第一介质射入第二条公式时在平滑界面上，部分光由第一媒质进入第二媒质后即发生折射。实验指出：1. 折射光线位于入射光线和法线所决定的平面内；2. 折射光线和入射光线分别在法线的两侧；3. 入射角 i 的正弦和折射角 r 的正弦的比值，对折射率一定的两种媒质来说是一个常数 n。

斯涅尔

浅显地说，就是光由光速大的介质中进入光速小的介质中时，折射角小于入射角；从光速小的介质进入光速大的介质中时，折射角大于入射角。

此定律是几何光学的基本实验定律。它适用于均匀的各向同性的介质。用来控制光路和用来成像的各种光学仪器，其光路结构原理主要是根据光的折射和反射定律。此定律也可根据光的波动概念导出，所以它也可应用于无线电波和声波等的折射现象。

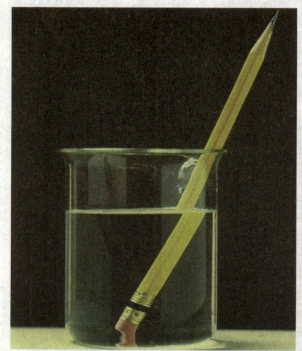

• 全反射

光由光密（即光在其中传播速度较小的）介质射到光疏（即光在其中传播速度较大的）介质的界面时，全部被反射回原介质内的现象叫全反射。

当光由光密介质射向光疏介质时，折射角将大于入射角。当入射角增大到某一数值时，折射角将达到90°，这时在光疏介质中将不出现折射光线，只要入射角大于上述数值时，均不存在折射现象，这就是全反射。所以产生全反射的条件是：①光必须由光密介质射向光疏介质。②入射角必须大于临界角。 临界角是折射角为90°时对应的入射角（只有光线从光密介质进入光疏介质且入射角大于临界角时，才会发生全反射）。

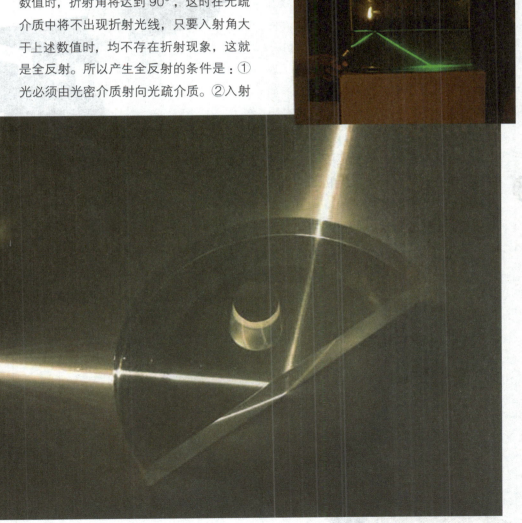

• 折射的应用

　　人们利用折射原理发明了透镜，透镜有凸透镜和凹透镜，细分又有双凸、平凸、凹凸、双凹、平凹、凸凹6种。

　　中央部分比边缘部分厚的叫凸透镜，中央部分比边缘部分薄的叫凹透镜，凸透镜具有会聚光线的作用，所以也叫"会聚透镜"、"正透镜"（可用于远视与老花镜）；凹透镜具有发散光线的作用，所以也叫"发散透镜"、"负透镜"（可用于近视眼镜）。

　　人们还将光的全反射原理应用在了现代通讯上，从而发明了光纤。光纤上载的不是电信号，而是光信号，这样使得信号传输距离比在电缆上增加许多，节省了成本，扩大了带宽。光纤分为两层，内层与外层密度不一样，为形成全反射创造条件。这样，当光以一定角度入射时，根据全反射原理，可产生全反射，于是，光在光纤

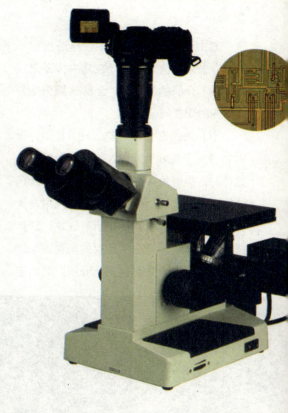

中前进所消耗的能量非常小，因此，光信号在光纤中经过很长一段距离才需要用一个中继器加强强度。

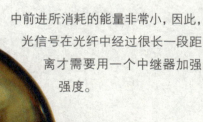

摄影中巧妙利用光线小妙招

在自然光条件下，太阳是主要光源。太阳的高度及其与拍摄方向所形成的角度决定光位，光位可以根据造型需要进行调整。光位细微的变化都会对摄影造型效果产生细腻的变化。

1. 顺光，亦称"正面光"：光线投射方向跟摄影机拍摄方向一致的照明光线。顺光的优势不但影调柔和，同时还能很好地体现景物固有的色彩效果。

2. 侧顺光（斜侧光）：光线投射水平方向与摄影机镜头呈45°角左右的摄影照明光线。这种照明光线能使被摄体产生明暗变化。

3. 侧光：光线投射方向与拍摄方向呈90°左右的照明光线。受侧光照明的物体，有明显的阴暗面和投影，对景物的立体形状和质感有较强的表现力。

4. 侧逆光：光线投射方向与摄影机拍摄方向呈水平135°左右的照明光线。侧逆光照明的景物，大部分处在阴影之中，景物被照明的一侧往往有一条亮轮廓，能较好地表现景物的轮廓形式和立体感。

5. 逆光，亦称"背面光"：来自被摄体后面的照明光线。由于从背面照明，只能照亮被摄体的轮廓，所以又称作轮廓光。因为层次分明，能很好地表现大气透视效果，在拍摄全景和远景中，往往采用这种光线，使画面获得丰富的层次。

6. 顶光：来自被摄体上方的照明光线。在顶光下拍摄人物，会产生反常的、奇特的效果。

7. 脚光：由下向上照明人物或景物的光线。在前方的称为前脚光，这种造型光线形成自下而上的投影，产生非正常的造型。

● 光的运用

光纤是光导纤维的简写,是一种利用光在玻璃或塑料制成的纤维中的全反射原理而达成的光传导工具。前香港中文大学校长高锟和George A·Hockham首先提出光纤可以用于通讯传输的设想,高锟因此获得2009年诺贝尔物理学奖。

微细的光纤封装在塑料护套中,使得它能够弯曲而不至于断裂。通常,光纤一端的发射装置使用发光二极管或一束激光将光脉冲传送至光纤,光纤另一端的接收装置使用光敏元件检测脉冲。在日常生活中,由于光在光导纤维的传导损耗比电在电线传导的损耗低得多,光纤被用作长距离的信息传递。

在多模光纤中,芯的直径是$15\mu m$—$50\mu m$,大致与人的头发的粗细相当。而单模光纤芯的直径为$8\mu m$—$10\mu m$。芯外面包围着一层折射率比芯低的玻璃封套,以使光线保持在芯内。再外面的是一层薄的塑料外套,用来保护封套。因此光纤通常被扎成束,外面有外壳保护。纤芯通常是由石英玻璃制成的横截面积很小的双层同心圆柱体,它质地脆,易断裂,因此需要外加一保护层。

光纤的运用 〉

高分子光导纤维开发之初，仅用于汽车照明灯的控制和装饰。现在主要用于医学、装饰、汽车、船舶等方面，以显示元件为主。在通信和图像传输方面，高分子光导纤维的应用日益增多，工业上用于光导向器、显示盘、标识、开关类照明调节、光学传感器等。

光导纤维可以用在通信技术里。1979年9月，一条3.3km的120路光缆通信系统在北京建成，几年后上海、天津、武汉等地也相继铺设了光缆线路，利用光导纤维进行通信。

多模光导纤维做成的光缆可用于通信，它的传导性能良好、传输信息容量大，一条通路可同时容纳数十人通话。可以同时传送数十套电视节目，供自由选看。

利用光导纤维进行的通信叫光纤通信。一对金属电话线至多只能同时传送1000多路电话，而根据理论计算，一对细如蛛丝的光导纤维可以同时通100亿路电话！铺设1000km的同轴

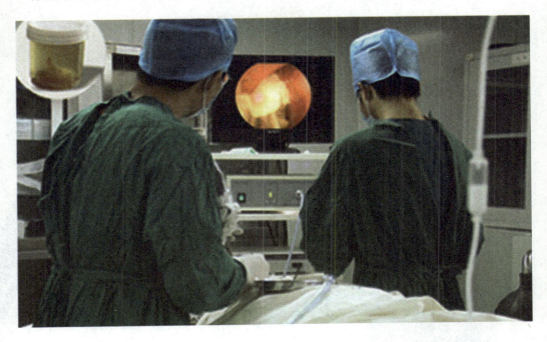

电缆大约需要500吨铜，改用光纤通信只需几千克石英就可以了，沙石中就含有石英，几乎是取之不尽的。

光导纤维内窥镜可导入心脏和脑室，测量心脏中的血压、血液中氧的饱和度、体温等。用光导纤维连接的激光手术刀入胃里，把胃里的图像显示出来，医生就可以看见胃里的情形，然后根据情况进行诊断和治疗。

光导纤维可以把阳光送到各个角落，还可以进行机械加工。计算机、机器人、汽车配电盘等也已成功地运用上光

已在临床应用，并可用作光敏法治癌。

另外，利用光导纤维制成的内窥镜，可以帮助医生检查胃、食道、十二指肠等的症状。光导纤维胃镜是由上千根玻璃纤维组成的，它既有输送光线、传导图像的本领，又有柔软、灵活、可以任意弯曲等优点。光导纤维胃镜可以通过食道插导纤维传输光源或图像。如与敏感元件组合或利用本身的特性，则可以做成各种传感器，测量压力、流量、温度、位移、光泽和颜色等。在能量传输和信息传输方面也获得广泛的应用。

透镜 >

透镜是由透明物质（如玻璃、水晶等）制成的一种光学元件。透镜是根据光的折射原理制成的折射镜，其折射面是两个球面（球面一部分），或一个球面（球面一部分）一个平面的透明体，它所成的像有实像也有虚像。透镜一般可以分为两大类：凸透镜和凹透镜。凸透镜：中间厚，边缘薄，有双凸、平凸、凹凸三种；凹透镜：中间薄，边缘厚，有双凹、平凹、凸凹三种。

透镜是组成显微镜光学系统的最基本的元件，物镜、目镜及聚光镜等部件均由单个和多个透镜组成。如，放大镜、望

远镜、显微镜等。

当一束平行于主光轴的光线通过凸透镜后相交于一点，这个点称"焦点"，通过焦点并垂直光轴的平面，称"焦平面"。焦点有两个，在物方空间的焦点，称"物方焦点"，该处的焦平面，称"物方焦平面"；反之，在像方空间的焦点，称"像方焦点"，该处的焦平面，称"像方焦平面"。

光线通过凹透镜后，成正立的虚像，而通过凸透镜则成倒立的实像。实像可在屏幕上显现出来，而虚像不能。

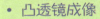

- 凸透镜

凸透镜具有会聚光线的作用，所以也叫"会聚透镜"、"正透镜"（可用于远视与老花镜）。此类透镜可分为：双凸透镜——是两面凸的透镜；平凸透镜——是一面凸、一面平的透镜；凹凸透镜——为一面凸，一面凹的透镜。

- 凸透镜成像

凸透镜成像原理是指把物体放在焦点之外，在凸透镜另一侧成倒立的实像，实像有缩小、等大、放大三种。物距越小，像距越大，实像越大。物体放在焦点之内，在凸透镜同一侧成正立放大的虚像。物距越小，像距越小，虚像越小。在光学中由实际光线汇聚成的像，称为实像，能用光屏呈接；反之，则称为虚像，只能由眼睛感觉。有经验的物理老师，在讲述实像和虚像的区别时，往往会提到这样一种区分方法："实像都是倒立的，而虚像都是正立的。"所谓"正立"和"倒立"，当然是相对于原物体而言。

将平行光线（如阳光）平行于主光轴（凸透镜两个球面的球心的连线称为此透镜的主光轴）射入凸透镜，光在透镜的两面经过两次折射后，集中在轴上的一点，此点叫作凸透镜的焦点（记号为 F），凸透镜在镜的两侧各有一实焦点，如果是薄透镜时，此两焦点至透镜中心的距离大致相等。凸透镜焦距是指焦点到透镜中心的距离，通常以 f 表示。凸透镜球面半径越小，焦距（记号为 f）越短。凸透镜可用于制作放大镜、老花眼及远视的人戴的眼镜、摄影机、电影放映机、显微镜、望远镜的主轴等。通过凸透镜两个球面球心 C_1、C_2 的直线叫凸透镜的主光轴。

光心：凸透镜的中心 O 点是凸透镜的光心。焦点：平行于主轴的光线经过凸透镜后汇聚于主光轴上一点 F，这一点是凸透镜的焦点。焦距：焦点 F 到凸透镜光心 O 的距离称作焦距，用 f 表示。物距：物体到凸透镜光心的距离称作物距，用 u 表示。像距：物体经凸透镜所成的像到凸透镜光心的距离称作像距，用 v 表示。

55

• 凸透镜成像规律

物距(u)	像距(v)	倒、正	大、小	虚、实	应用
u>2f	f<v<2f	倒立	缩小	实像	照相机
u=2f	v=2f	倒立	等大	实像	特点: 大小分界点
f<u<2f	v>2f	倒立	放大	实像	投影仪; 幻灯机
u=f	v=∞	不成像	/	/	特点: 虚实分界点
u<f	v>u	正立	放大	虚像	放大镜

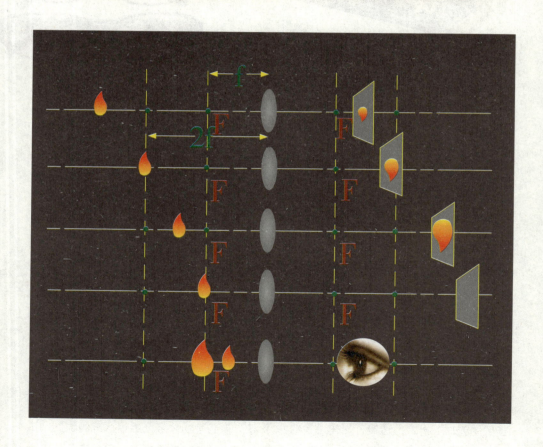

• 凹透镜

凹透镜亦称为负透镜，镜片的中央薄，周边厚，呈凹形，所以又叫凹透镜。凹透镜对光有发散作用。平行光线通过凹透镜球面发生偏折后，光线发散，成为发散光线，不可能形成实性焦点，沿着散开光线的反向延长线，在投射光线的同一侧交于F点，形成的是一虚焦点。

凹透镜成像的几何作图与凸透镜原则相同。从物体的顶端作两条直线：一条平行于主光轴，经过凹透镜后偏折为发散光线，将此折射光线相反方向返回至主焦点；另一条通过透镜的光学中心点，这两条直线相交于一点，此为物体的像。

凹透镜所成的像总是小于物体的、直立的虚像，凹透镜主要用于矫正近视眼。

凹透镜又可分为：双凹透镜——是两面凹的透镜；平凹透镜——是一面凹、一面平的透镜；凸凹透镜——是一面凸、一面凹的透镜。

其两面曲率中心之连线称为主轴，其中央之点 O 称为光心。通过光心的光线，无论来自何方均不折射。凹透镜又称为发散透镜。凹透镜的焦距，是指由焦点到透镜中心的距离。透镜的球面曲率半径越大其焦距越长，如薄透镜，它两侧的焦距相等。

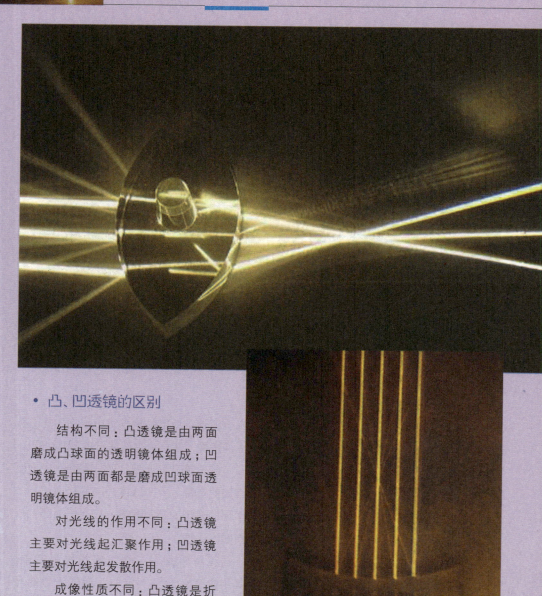

• 凸、凹透镜的区别

结构不同：凸透镜是由两面磨成凸球面的透明镜体组成；凹透镜是由两面都是磨成凹球面透明镜体组成。

对光线的作用不同：凸透镜主要对光线起汇聚作用；凹透镜主要对光线起发散作用。

成像性质不同：凸透镜是折射成倒立实像；凹透镜是光线通过凹透镜后，成正立虚像。实像可在屏幕上显现出来，而虚像不能。

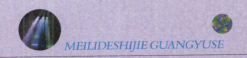
会发光的鱼

有"探照灯"的鱼：一支在加勒比海从事科研工作的考察队，发现了一种极为罕见的鱼，在它的两只眼睛之间有一种能发光的特殊器官。至今，这种鱼仅在1907年时在牙买加沿岸附近被捕获过，那时当地的渔民把它叫作有"探照灯"的鱼。科学家已查明，这种奇特的鱼生活在海洋170多米的深处，它的光源是一种特殊的能发光的细菌。借助其"探照灯"，这种鱼能照亮其前方将近15m远。

灿烂美丽的月亮鱼：如果你有机会站在南美洲沿海岸遥望夜海，那么将会看到海面有许许多多圆圆的月亮般的鱼，这就是月亮鱼。月亮鱼个体不太大，每条约重500g，其肉肥厚丰满，它的身体几乎呈圆形，鱼体的一边，体色银亮，并能绽放出灿烂的珍珠光彩。

由于它的头部隆起，眼睛很大，很像一只俯视的马头，因此也有"马头鱼"的称号。

迷惑对方的闪光鱼：闪光鱼只有几厘米长，它在水里发光时，你可以凭借其光亮看清手表上的时间。鱼类专家们发现，它们是用"头灯"发光的，在它们的两眼下有一个发出青光的肉粒，这是闪光鱼用头来探测异物、捕食食物，并与同类沟通的器官。一群闪光鱼聚在一起时，人们从老远就能看见它们。闪光鱼主要生活在红海西部和印度尼西亚东海岸。它们白天住在礁洞深海处，晚上就沿着海床觅食嬉戏。它们头上的闪光灯平均每分钟可闪光75次，遇到同类时闪光频率会发生变化；受到追逐时，也有特定的闪动频率，用以迷惑对方。

● 色彩

色彩是一种视觉神经刺激，它的产生是由于视觉神经对光产生反应。没有光或视觉神经，就没有色彩（不要以为光就等于色彩）。

美丽的世界——光与色

光色之谜 >

对于色彩的研究，千余年前的中外先驱者们就已有所关注，但由17世纪的科学家牛顿真正给予科学解释后，色彩才成为一门独立的学科。色彩是一种涉及光、物与视觉的综合现象。

经验证明，人类对色彩的认识与应用是通过发现差异，并寻找它们彼此的内在联系来实现的。因此，人类最基本的视觉经验得出了一个最朴素也是最重要的结论：没有光就没有色彩。白天的亮光使人们能看到各种色彩的物体，但在漆黑无光的夜晚就什么也看不见了。倘若有灯光照明，则光照到哪里，便又可看到相应的物像及其色彩。

真正揭开光色之谜的是英国科学家牛顿。17世纪后半期，为改进刚发明不久的望远镜的清晰度，牛顿从光线通过玻璃镜的现象开始研究。1666年，牛顿进行了著名的色散实验。他将一房间关得漆黑，只在窗户上开一条窄缝，让太阳光射进来并通过一个三角形的玻璃三棱镜。结果出现了意外的现象：在对面墙上出现了一条由七色组成的光带，而不是一片白光，七色按红、橙、黄、绿、青、蓝、紫的顺序一色紧挨一色地排列着，极像雨过

天晴时出现的彩虹。同时，七色光束如果再通过一个三棱镜还能还原成白光。这条七色光带就是太阳光谱。

继牛顿之后大量的科学研究成果进一步告诉我们，色彩是以色光为主体的，对于人则是一种视像感觉，产生这种感觉基于三种因素：一是光；二是物体对光的反射；三是人的视觉器官——眼。即不同波长的可见光投射到物体上，有一部分波长的光被吸收，一部分波长的光被反射出来刺激人的眼睛，经过视神经传递到大脑，形成对物体的色彩信息，即人的色彩感觉。

光、眼、物三者之间的关系，构成了色彩研究和色彩学的基本内容，同时亦是色彩实践的理论基础与依据。

MEILIDESHIJIE GUANGYUSE

色彩的物理现象 ＞

电磁波的波长和强度可以有很大的区别，在人可以感受的波长范围内（约312.30nm～745.40nm），它被称为可见光，有时也被简称为光。假如我们将一个光源不同强度的波长列在一起，我们就可以获得这个光源的光谱。一个光源的光谱决定这个光源的光学特性，包括它的颜色。不同的光谱可以被人接收为同一个颜色。虽然我们可以将一个颜色定义为所有这些光谱的总和，但是不同的动物所看到的颜色是不同的，不同的人所感受到的颜色也是不同的，因此这个定义是相当主观的。

一个反射所有波长的光的表面是白

色的，而一个吸收所有波长的光的表面是黑色的。

一个彩虹所表现的每个颜色只包含一个波长的光。我们称这样的颜色为单色。彩虹的光谱实际上是连续的，但一般来说，人们将它分为7种颜色：红、橙、黄、绿、青、蓝、紫，每个人的分法总是稍稍不同。单色光的强度也会影响人对同一个波长的光所感受的颜色的不同，比如暗的橙黄被感受为褐色，而暗的黄绿被感受为橄榄绿，等等。

另外，色彩的产生与物质分子间距离的关系最密切。如果物质的分子间距离近（密度高）则束缚力就强，导致振动较慢，于是呈现暗色调；反之是暖色调。物质的色彩变换是由于世界上不同物质间的相互振动干预导致的，色彩是光芒的低级状态。此外，宇宙之所以是黑暗的是由于其周围没有星罗棋布的高密度物质，好比你可以想象你周围空无一物就一个电灯泡和空气以及你自己，那么也是如同宇航员在宇宙中一般黑暗的。我们并没有看见空气的颜色，只不过因为在隔着空气的另一边有个颜色物质填充了我们的视觉。这也难怪让古代欧洲人讨论

了半天到底透明的空间里有没有东西，其实是有的。

在人类物质生活和精神生活发展的过程中，色彩始终焕发着神奇的魅力。人们不仅发现、观察、创造、欣赏着绚丽缤纷的色彩世界，还通过长年累月的时代变迁不断深化着对色彩的认识和运用。人们对色彩的认识、运用过程是从感性升华到理性的过程。所谓理性色彩，就是借助人所独具的判断、推理、演绎等抽象思维能力，将从大自然中直接感受到的纷繁复杂的色彩印象予以规律性的揭示，从而形成色彩的理论和法则，并运用于色彩实践。

光源色、物体色、固有色 >

物体色的呈现是与照射物体的光源色、物体的物理特性有关的。

同一物体在不同的光源下将呈现不同的色彩：在白光照射下的白纸呈白色；在红光照射下的白纸呈红色；在绿光照射下的白纸呈绿色。因此，光源色光谱成分的变化，必然对物体色产生影响。电灯光下的物体带黄；日光灯下的物体偏青；电焊光下的物体偏浅青紫；晨曦与夕阳下的景物呈橘红、橘黄色；白昼阳光下的景物带浅黄色；月光下的景物偏青绿色等。

光源色的光亮强度也会对照射物体产生影响，强光下的物体色会变淡，弱光下的物体色会变得模糊晦暗，只有在中等光线强度下的物体色最清晰可见。

物理学家发现光线照射到物体上以后，会产生吸收、反射、透射等现象。而且，各种物体都具有选择性地吸收、反射、透射色光的特性。以物体对光的作用而言，大体可分为不透光和透光两类，通常称为不透明体和透明体。对于不透明物体，它们的颜色取决于对波长不同的各种色光的反射和吸收情况。如果一个物体几乎能反射阳光中的所有色光，那么该物体就是白色的。反之，如果一个物

体几乎能吸收阳光中的所有色光，那么该物体就呈黑色。如果一个物体只反射波长为700nm左右的光，而吸收其他各种波长的光，那么这个物体看上去则是红色的。可见，不透明物体的颜色是由它所反射的色光决定的，实质上是指物体反射某些色光并吸收某些色光的特性。透明物体的颜色是由它所透过的色光决定的。红色的玻璃之所以呈红色，是因为它只透过红光，吸收其他色光的缘故。照相机镜头上用的滤色镜，不是指将镜头所呈颜色的光滤去，实际上是让这种颜色的光通过，而把其他颜色的光滤去。由于每一种物体对各种波长的光都具有选择

性的吸收与反射、透射的特殊功能，所以它们在相同条件下（如光源、距离、环境等因素），就具有相对不变的色彩差别。

人们习惯把白色阳光下物体呈现的色彩效果，称之为物体的"固有色"。如白光下的红花绿叶绝不会在红光下仍然呈现红花绿叶，红花可显得更红些，而绿光并不具备反射红光的特性，相反它吸收红光。因此绿叶在红光下就呈现黑色了。此时，感觉为黑色叶子的黑色仍可认为是绿叶在红光下的物体色，而绿叶之所以为绿叶，是因为常态光源（阳光）下呈绿色，绿色就被认为是绿叶的固有色。严格地说，所谓的固有色应是指物体固有的物理属性在常态光源下产生的色彩。

光源色的作用与物体的特征，是构成物体色的两个不可缺少的条件，它们相互依存又相互制约。只强调物体的特征而否定光源色的作用，物体色就变成无水之源；只强调光源色的作用不承认物体的特征，也就否定了物体色的存在。同时，在使用"固有色"一词时，需要特别提醒的是切勿误解为某物体的颜色是固定不变的，这种偏见就是在研究光色关系和进行色彩写生时必须克服的"固有色观念"。

色彩的分类 >

在千变万化的色彩世界中，人们视觉感受到的色彩非常丰富，按种类分为原色、间色和复色。

颜料三原色叠加

• 原色

色彩中不能再分解的基本色称为原色。原色能合成出其他色，而其他色不能还原出本来的颜色即原色。原色只有 3 种，色光三原色为红、绿、蓝；颜料三原色为品红（明亮的玫红）、黄、青（湖蓝）。色光三原色可以合成出所有色彩，同时相加得白色光。颜料三原色从理论上来讲可以调配出其他任何色彩，同时相加得黑色，因为常用的颜料中除了色素外还含有其他化学成分，所以两种以上的颜料相调和，纯度就受影响，调和的色种越多就越不纯，也越不鲜明，颜料三原色同时相加只能得到一种黑浊色，而不是纯黑色。

• 间色

由两个原色混合得到的颜色称为间色。间色也只有 3 种：色光三间色为品红、黄、青（湖蓝），有些彩色摄影书上称为"补色"，是指色环上的互补关系。颜料三间色即橙、绿、紫，也称第二次色。必须指出的是色光三间色恰好是颜料的三原色。这种交错关系构成了色光、颜料与色彩视觉的复杂联系，也构成了色彩原理与规律的丰富内容。

色光三原色叠加

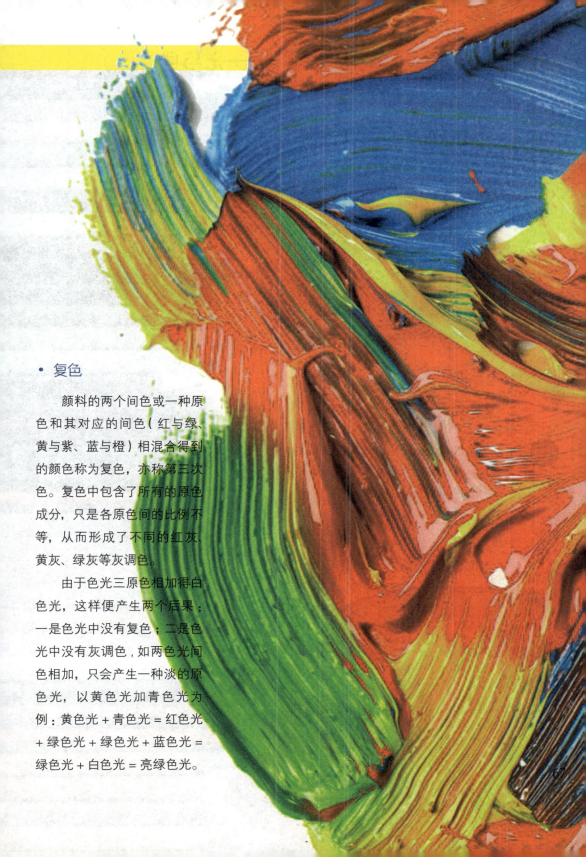

• 复色

　　颜料的两个间色或一种原色和其对应的间色（红与绿、黄与紫、蓝与橙）相混合得到的颜色称为复色，亦称第三次色。复色中包含了所有的原色成分，只是各原色间的比例不等，从而形成了不同的红灰、黄灰、绿灰等灰调色。

　　由于色光三原色相加得白色光，这样便产生两个后果：一是色光中没有复色；二是色光中没有灰调色，如两色光间色相加，只会产生一种淡的原色光，以黄色光加青色光为例：黄色光＋青色光＝红色光＋绿色光＋绿色光＋蓝色光＝绿色光＋白色光＝亮绿色光。

色彩的系别 ﹀

　　根据色彩的系别,可将色彩分为无彩色系和有彩色系两大类。

• 有彩色系

　　有彩色系指包括在可见光谱中的全部色彩,它以红、橙、黄、绿、蓝、紫等为基本色。基本色之间不同量的混合、基本色与无彩色之间不同量的混合所产生的千千万万种色彩都属于有彩色系。有彩色系是由光的波长和振幅决定的,波长决定色相,振幅决定色调。

　　有彩色系中的任何一种颜色都具有三大属性,即色相、明度和纯度。也就是说一种颜色只要具有以上 3 种属性都属于有彩色系。

• 无彩色系

　　无彩色系指由黑色、白色及黑白两色相融而成的各种深浅不同的灰色系列。从物理学的角度看，它们不包括在可见光谱之中，故不能称之为色彩。但是从视觉生理学和心理学上来说，它们具有完整的色彩性，应该包括在色彩体系之中。

　　无彩色系按照一定的变化规律，由白色渐变到浅灰、中灰、深灰直至黑色，色彩学上称为黑白系列。黑白系列中由白到黑的变化，可以用一条垂直轴表示，一端为白，一端为黑，中间有各种过渡的灰色。纯白是理想的完全反射物体色，纯黑是理想的完全吸收物体色。可是在现实生活中并不存在纯白和纯黑的物体，颜料中采用的锌白和铅白只能接近纯白，煤黑只能接近纯黑。

　　无彩色系的颜色只有明度上的变化，而不具备色相与纯度的性质，也就是说它们的色相和纯度在理论时等于零。

色彩的三属性 〉

• 色相

色相是有彩色系的最大特征。所谓色相是指能够比较确切地表示某种颜色色别的名称。如玫瑰红、桔黄、柠檬黄、钴蓝、群青、翠绿……从光学物理上讲，色相是由射入人眼的光线的光谱成分决定的。对于单色光来说，色相的面貌完全取决于该光线的波长；对于混合色光来说，则取决于各种波长光线的相对量。物体的颜色是由光源的光谱成分和物体表面反射（或透射）的特性决定的。

• 明度

明度是指色彩的明亮程度。各种有色物体由于它们的反射光量的区别而产生颜色的明暗强弱。色彩的明度有两种情况：一是同一色相不同明度。如同一颜色在强光照射下显得明亮，弱光照射下显得较灰暗模糊；同一颜色加黑或加白掺和以后也能产生各种不同的明暗层次。二是各种颜色的不同明度。每一种纯色都有与其相应的明度。黄色明度最高，蓝紫色明度最低，红、绿色为中间明度。色彩的明度变化往往会影响到纯度，如红色加入黑色以后明度降低了，同时纯度也降低了；如果红色加白则明度提高了，纯度却降低了。

- 纯度

　　色彩的纯度是指色彩的纯净程度，又称彩度或饱和度，它表示颜色中所含有色成分的比例。含有色成分的比例越大，则色彩的纯度越高，含有色成分的比例越小，则色彩的纯度也越低。可见光谱的各种单色光是最纯的颜色，为极限纯度。当一种颜色掺入黑、白或其他彩色时，纯度就产生变化。当掺入的其他颜色达到很大的比例时，在眼睛看来，原来的颜色将失去本来的光彩，而变成掺和的颜色了。当然这并不等于说在这种被掺和的颜色里已经不存在原来的色素，而是由于大量的掺入其他彩色而使得原来的色素被同化，人的眼睛已经无法感觉出来了。

　　有彩色系的色相、纯度和明度三个特征是不可分割的，应用时必须同时考虑这三个因素。

国际色彩体系 ＞

国际上常用的标准色彩体系有三个,分别是:日本研究所的PCCS体系、美国的MUNSELL、德国的OSTWALD。

• 日本研究所的PCCS体系

PCCS 色彩体系是日本色彩研究所研制的,色调系列是以其为基础的色彩组织体系。其最大的特点是将色彩的三属性关系,综合成色相与色调两种属性来构成色调系列的。从色调的观念出发,平面展示了每一个色相的明度关系和纯度关系,从每一个色相在色调系列中的位置,明确地分析出色相的明度、纯度的成分含量。

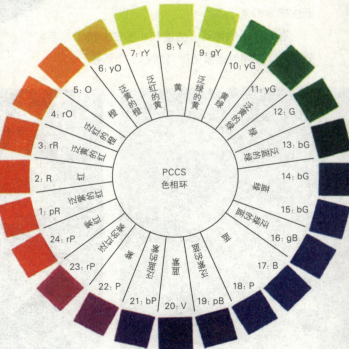

72

• 美国的 MUNSELL

蒙塞尔（Munsell）颜色系统是 1898
年由美国艺术家 A·Munsell 发明的，是
另一常用的颜色测量系统。Munsell 目的
在于创建一个"描述色彩的合理方法"，采
用的十进位计数法比颜色命名法更优越。
1905 年他出版了一本颜色数标法的书，已
多次再版，目前仍然当作比色法的标准。

蒙塞尔系统模型为一球体，在赤道上
是一条色带。球体轴的明度为中性灰，北
极为白色，南极为黑色。从球体轴向水平
方向延伸出来是不同级别明度的变化，从
中性灰到完全饱和。用这三个因素来判定
颜色，可以全方位定义千百种色彩。蒙塞
尔命名这三个因素（品质）为：色调、明
度和色度。

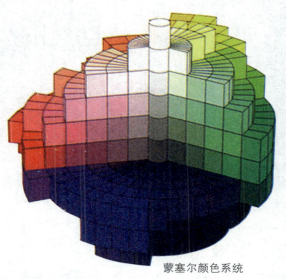

蒙塞尔颜色系统

• 德国的 OSTWALD

奥斯特瓦德（OSTWALD）色立体的
色相环，是以赫林的生理四原色黄、蓝、红、
绿为基础，将四色分别放在圆周的四个等
分点上，或为两组补色对。然后再在两色
中间依次增加橙、蓝绿、紫、黄绿四色相，
总共 8 色相，然后每一色相再分
为三色相，成为 24 色相
的色相环。色相
顺序顺时
针为黄、
橙、红、紫、
蓝、蓝绿、绿、
黄绿。取色相环上相对
的两色在回旋板上回旋成为灰
色，所以相对的两色为互补色。并把 24
色相的同色相三角形按色环的顺序排列成
为一个复圆锥体，就是奥斯特瓦德色立体。

奥斯特瓦德色立体的色相环

73

大自然的杰作——彩虹

彩虹，又称天虹，简称虹，是气象中的一种光学现象。当太阳光照射到空气中的水滴，光线被折射及反射，在天空上形成拱形的七彩光谱叫彩虹。雨后常见，形状弯曲，色彩艳丽。东亚、中国对于七彩光的最普遍说法是（从外至内）：红、橙、黄、绿、蓝、靛、紫。

"彩"是"多种颜色"的意思。"虹"字中的"工"表示"人工"，引申指"规整"；"虫"指"龙"；"虫"与"工"结合起来表示"龙吸水"。彩虹在民间俗称"杠吃水"、"龙吸水"，以前的人们认为彩虹会吸干当地的水，所以人们在彩虹来临的时候敲击锅、碗等来"吓走"彩虹。

彩虹通常肉眼所见为拱曲形，类似桥的形状，民间常有"彩虹桥"的说法。色彩一般为七彩色，从外至内分别为：红、橙、黄、绿、蓝、靛、紫。在中国，也常有"赤橙黄绿青蓝紫"的说法。毛泽东曾于1933年夏作《菩萨蛮·大柏地》一词，其中描绘了彩虹的色彩："赤橙黄绿青蓝紫，谁持彩练当空舞？雨后复斜阳，关山阵阵苍……"

彩虹的特殊现象 ＞

• 双彩虹

很多时候会见到两条彩虹同时出现，在平常的彩虹外边出现同心，但较暗的副虹（又称霓）。副虹是阳光在水滴中经两次反射而成。当阳光经过水滴时，它会被折射、反射后再折射出来。在水滴内经过一次反射的光线，便形成人们常见的彩虹（主虹）。若光线在水滴内进行了两次反射，便会产生第二道彩虹（霓）。

由于每次反射均会损失一些光能量，因此霓的光亮度较弱。第二次反射最强烈的反射角出现在 50°～53° 之间，所以副虹位置在主虹之外。因为有两次的反射，副虹的颜色次序跟主虹相反，外侧为紫色，内侧为红色。副虹其实一定跟随主虹存在，只是因为它的光线强度较低，所以有时不被肉眼察觉而已。

• 晚虹

晚虹是一种罕见的现象，在月光强烈的晚上可能出现。由于人类视觉在晚间低光线的情况下难以分辨颜色，所以晚虹看起来好像是全白色的。

76

彩虹的自然原理 >

• 彩虹的形成原理

彩虹是因为阳光射到空中接近圆形的小水滴，造成光的色散及反射而成的。阳光射入水滴时会同时以不同角度入射，在水滴内也是以不同的角度反射。当中以40°～42°的反射最为强烈，形成人们所见到的彩虹。

其实只要空气中有水滴，而阳光正在观察者的背后以低角度射入，便可能产生可以观察到的彩虹现象。彩虹最常在下午，雨后刚转天晴时出现。这时空气内尘埃少而充满小水滴，天空的一边因为仍有雨云而较暗。而观察者头上或背后已没有云的遮挡而可见阳光，这样彩虹便会较容易被看到。虹的出现与当时天气变化相联系，一般人们从彩虹出现在天空中的位置可以推测当时将出现晴天或雨天。东方出现彩虹时，本地是不大容易下雨的，而西方出现彩虹时，本地下雨的可能性却很大。

彩虹的明显程度，取决于空气中小水滴的大小，小水滴体积越大，形成的彩虹越鲜亮，小水滴体积越小，形成的彩虹就越不明显。一般冬天的气温较低，在空中不容易存在小水滴，下雨的机会也少，所以冬天一般不会有彩虹出现。

77

• 彩虹的弯曲原理

　　事实上如果条件合适的话，可以看到整圈圆形的彩虹（例如峨眉山的佛光）。形成这种反射时，阳光进入水滴，先折射一次，然后在水滴的背面反射，最后离开水滴时再折射一次，最后射向人们的眼睛。

　　光穿越水滴时弯曲的程度，视光的波长（即颜色）而定——红色光的弯曲度最大，橙色光与黄色光次之，依此类推，弯曲度最小的是紫色光。

　　因为水对光有色散的作用，不同波长的光的折射率有所不同，蓝光的折射角度比红光大，又由于光在水滴内被反射，所

以观察者看见的光谱是倒过来的，红光在最上方，其他颜色在下方。

每种颜色各有特定的弯曲角度，阳光中的红色光，折射的角度是42°，蓝色光的折射角度只有40°，所以每种颜色在天空中出现的位置都不同。

若引一条假想线，连接后脑勺和太阳，那么与这条线呈42°夹角的地方，就是红色所在的位置。这些不同的位置勾勒出一个弧。既然蓝色与假想线只呈40°夹角，所以彩虹上的蓝弧总是在红色的下面。

彩虹的传奇色彩 ＞

• 神话传说

彩虹在神话中占有一席之地，是因为它的美和它难以理解的神奇现象。伽利略的关于光的特性专著出现之后，人们才能解释彩虹这个现象。在中国神话中，女娲炼五色石补天，彩虹即五色石发出的彩光。在中国，虹可以认为是双头蛇（龙），同时白虹贯日等天象被认为是不吉的征兆。在台湾太鲁阁族中，彩虹的尽头是祖灵的所在地。

在西方，希腊神话中，彩虹是沟通天上与人间的使者；爱尔兰民间传说中，矮精灵将宝藏收于彩虹的尽头；印度神话中，彩虹是雷电神"因陀罗"（又译作"帝释天"）的弓；北欧神话中，彩虹桥连接神的领域"亚斯格特"和人类居所"中土世界"。

女娲炼五色石补天

● 动物眼中的色彩

动物能够看见什么颜色，动物的世界比我们的世界更为艳丽呢，还是较为灰暗？科学家曾采用了训练动物趋向不同颜色的方法来回答这个问题。这种方法和研究动物听力的方法原则上是相同的。

蜜蜂的色彩世界 >

　　先以蜜蜂为例。对于蜜蜂的色觉,科学家们曾做过比对别的动物更为精确的科学研究,这是首先以蜜蜂为例的部分原因。蜂群总是在五彩缤纷的花朵间飞翔,采花酿蜜,同时传播花粉,因此研究蜜蜂的色觉是特别有趣的问题。从表面来看,蜜蜂很像是受到花朵艳丽的色彩吸引,但是吸引它的还有可能是香气,或者是香气加上色彩。因此,我们必须首先确定蜜蜂是否能看见花的颜色,如果能看见的话,能看见什么颜色。它们的这种能力,我们是怎样确定的呢?

　　在花园里放上一张桌子,桌上放一张蓝色的纸板,纸板上放一块有一滴蜜汁的玻片。蜜蜂飞来了,采了蜜汁带回蜂巢去让别的蜜蜂酿蜜,然后又飞了回来。让蜂群像这样来来回回地忙碌了一会儿,就把有蜜汁的蓝色纸板拿开,在原来的地点左边放上另一块蓝色纸板,同时在原来地点的右边放上了一块红色纸板。这些新纸板上都有玻片,但是却没有蜜汁。这样,原来放着蓝色纸板的地点空了,左边有了一块蓝色纸板,右边有了一块红色纸板。新的纸板放好了不久,蜂群飞回来了;看得清清楚楚,它们是径直向

蓝色纸板飞去的,飞向红色纸板的蜜蜂一个也没有。

蜜蜂的这种行为似乎说明两个问题:首先,它们好像记得蓝色,蓝色意味着蜜汁,因此飞向蓝色。它们既然是飞向左边的蓝色纸板,而不是飞向原来放蜜汁的地点,这就说明的确是蓝色纸板吸引着它,而不是那地点吸引着它。其次,这实验证明蜜蜂能够辨别红色和蓝色。

但是,蜜蜂是否真能辨别这两个颜色呢?还不能十分肯定。我们怀疑的理由如下:大家都知道,世界上有为数不多的一些人是完全看不见颜色的,这些人是全色盲,一切的颜色在他们眼里,只不过是不同深浅的灰色。他们也能区别红色和蓝色,但那是因为红色色度比较深,蓝色色度则较浅。他们其实看不见红和蓝两种颜色。因此,蜜蜂说不定也是色盲,作实验时它们飞向蓝色纸板,并不是因为看到了蓝色,而是因为蓝色比红色要浅些。也许事实上它们受到的训练并不是飞向蓝色,而是飞向色度较浅的一种灰色。这个疑问我们可以用另一种简单的训练试验来解决。

在桌上放上一块蓝色纸板,在蓝色纸板周围再放上许多灰色纸板,这些纸

85

板是从白到黑之间的不同深浅的灰色。每一块纸板上都放上一块玻片，蓝色纸板的玻片上有一点蜜汁；别的玻片上都是空的。不久蜂群像以前一样找到了蜜汁，飞来飞去地采蜜。几小时以后，从蓝色纸板上取走了蜜汁的玻片，换上了一块空的。现在蜂群怎么办呢？它们仍然径直飞到蓝色纸板上去，虽然那上面并没有蜜汁。它们并不飞向别的纸板，尽管其中有一块纸板的深浅程度跟蓝色纸板完全一样。可见，蜜蜂并不会把任何色度的灰色当作蓝色。这样我们证明了蜜蜂的确能看到蓝色这个颜色。

用同样的办法我们也可以找出蜜蜂能辨认其它颜色。结果发现蜜蜂能看到许多颜色。

但是，这种昆虫和我们的色觉有两点很有趣的不同。假定我们先对蜜蜂进行了飞向红色纸板的训练，然后又把红色纸板放在桌上那组不同深浅的灰色纸板中去，这一回我们发现蜜蜂会把深灰色或黑色错当作红色。它们总把这两类颜色混淆起来。由此看来，红色对蜜蜂好像并不是一个颜色；在蜜蜂的眼里，红色也就是深灰色或黑色。事实上进一步的实验证明蜜蜂还是可以看见红色的，但是必须有强烈的光线照明，它们的视觉对红色十分迟钝。

另一个不同之点是彩虹的这一头是

86

红色，那一头是紫色。在紫色之外还有一个我们完全看不见的颜色，这种紫色以外的我们看不见的颜色叫作紫外线。紫外线虽然看不见，但我们知道它在哪儿，因为它能在感光片上产生反应。但是，我们看不见的紫外线，蜜蜂却能看见。对于蜜蜂来说，紫外线是一种颜色，因此，蜜蜂能看见一种我们甚至无法看见的颜色。这是用训练蜜蜂飞向光谱的各个部分去采蜜的办法发现的。光谱又叫人工彩虹，是在暗室里用石英三棱镜投射在桌上的。这个实验可以训练昆虫飞向紫外线，而在我们眼里紫外线不过是一片黑暗。

鸟的色彩世界 ＞

公鸡的羽毛有鲜明的色彩——至少对我们来说是鲜明的，而母鸡的颜色却很平淡。但是母鸡能不能像我们一样看到公鸡的鲜明色彩呢？例如说，雌孔雀能否看到雄孔雀绚丽的色彩呢？为了回答这个问题，我们必须知道鸟能看见什么颜色。研究的方式是这样的：在一间黑暗的屋子里装好灯光和三棱镜，在地板上投射一道彩色的光谱。在光谱的各种颜色上都撒上粮食，然后放进一只母鸡。母鸡啄食了所有看得见的粮食。过了一会儿，我们把鸡弄走，再记录粮食没有被吃掉的地方的颜色。我们发现光谱上的红色、黄色、绿色部分的粮食几乎全给母鸡吃掉了，但对蓝色部分的粮食，母鸡只啄了几颗，而紫色部分的粮食却一粒也没碰。

这说明母鸡看不见紫色中的粮食，蓝色中的粮食也看得不清楚。可见在母鸡眼里紫色和黑色是一样的，而蓝色则不是很明显的颜色。

鸽子回巢的实验，也证实了这个发现。我们给鸽子戴上了有色眼镜，戴上红色和黄色眼镜的鸽子，总是可以飞回家来的，但是戴绿色特别是蓝色眼镜的鸽子却不能回家了。人类能透过蓝色眼镜清清楚楚看见东西，但是鸟类透过蓝色却完全看不清楚。而大家都知道在阴暗的光线或漆黑的环境中鸽子是找不到回家的路的。

别的鸟儿也都是这样的。这事初听起来好像有点奇怪，因为有些鸟，例如翠鸟，本身就是蓝色的，那么我们能不能说翠鸟看不见它的配偶的蓝色羽毛呢？结论并不如此，翠鸟是很可能看得见的，因为我们的实验并不说明鸟类完全看不见蓝色，只不过看得不很清楚而已。要让鸟类看到蓝色，那蓝色必须十分鲜明，而翠鸟的蓝色倒的确很鲜明。而且，并不是所有的鸟对蓝色都同样感到困难，相反、猫头鹰对光谱中的蓝色部分就比人类还敏感。

狗的灰色世界 >

狗能看见什么颜色呢?这个问题的答案很令人扫兴,狗根本看不见颜色。这个答案叫许多养狗的人感到遗憾,因为在他们眼中那么美丽的颜色,狗居然看不见。不过他们可以这样想:狗有特别敏锐的嗅觉,狗的世界尽管没有色彩,却有着丰富多样的气味供它们享受。

我们是怎样断定狗是色盲的呢?采用的是跟试验狗的听觉能力同样的办法。科学家们对狗作过努力,要让狗在看到某些不同颜色的时候分泌出唾液来。这种办法跟原来用特定的音符刺激狗分泌唾液的办法完全一样,但是,这些实验失败了。实验证明要让狗以辨别颜色作为它进食的信号是不可能的。这个问题还需要采用别的技术进一步再作实验,但就目前所能取得的科学证据看来,狗似乎是色盲。许多养狗的人可能不同意这个话。比如说他们相信他们的狗能辨别衣服的颜色。但是他们为这种想法提供的证据,在科学家看来却不够坚实有力。科学家们无法肯定狗的确是对颜色做出反应,而不是对别的什么条件和符号做出反应,例如某种气味或穿那衣服的人的某些特殊动作等等。

它们的色彩世界 ＞

人们还对猫的色觉进行实验。虽然还不能最后肯定，但到目前为止的实验却表明猫是色盲。对不同的猫进行了训练，要求它们根据6种不同颜色的信号进食，但是当猫所认识的颜色和某种灰色同时出现的时候，猫总是把它们混淆起来。

不过猴子却可以辨别颜色。在它们受到训练之后能正确地到漆成一定颜色的食柜去吃东西，而不理会漆成别的颜色的空的食柜。除了猴子和类人猿之外，别的哺乳动物好像也全是色盲，至少经过科学实验的那些哺乳动物是色盲，甚至公牛也被证明看不见红色。和大家的认识相反，公牛并不受红色的刺激，它分不清楚红色和深灰。毫无疑问，挥动任何色彩鲜明的布片，都会使精力旺盛的公牛激动起来。

如果我们考虑到除了猴类之外的哺乳动物的野外生活情况，对它们的色盲就不难理解了。因为几乎所有的哺乳动物都是在夜间或是从黄昏开始活动的。狮和狼觅食的时间大部分是在夜间；羚羊和野牛出来吃草也是在黄昏或晚上。那时一切颜色都很暗淡，但是住在森林里的猴子却在白天活动。在热带的灿烂阳光下它们可以看到绚丽的色彩。

其次，除猴类之外的哺乳动物是色盲这一事实也大体和它自己暗淡的颜色相关。它们的毛皮总是棕色、黄色、黑色或白色的。只有在猴子身上才可以看到绿色、蓝色和鲜红色。这些颜色令人想起鸟类鲜明的色彩，而鸟类和鱼正好是有辨别颜色的能力。

电影中的光与色——张艺谋

张艺谋对于色彩的大胆运用是其电影的主要特色。他在电影中对于色彩的准确把握，带给观众一场场的视觉盛宴。从《红高粱》《大红灯笼高高挂》到《十面埋伏》《英雄》等，留给人们深刻印象的更多的是作为影片叙事背景的色彩。作为摄影出身的张艺谋，对色彩有一种特殊的敏感，他总是将自己的电影用色块完美地表现出来，增强了视觉冲击力，适合现代人的审美心理。影片运用色彩时把时间与空间合理地结合起来，使观众通过影片呈现的色彩画面更加深入地理解其电影的内在寓意。

电影《红高粱》，红色的盖头、红色的嫁衣、红色的花轿、红色的绣花鞋、红色的高粱、红红火火的婚嫁场景生动地展现了那片传统土地上农民们自由自在、无所畏惧、朴实坦荡的生活方式，创造出一个个感性丰盈、生命鲜活的艺术形象。影片中那大片大片的红高粱，是生命力的象征，营造了一个红色的世界，影片也正是运用这红色表现出生存在这片土地上的人们身上如这红色般鲜明的性格:顽强、团结、伟岸、生气蓬勃、狂放不羁、英勇无畏。

91

● 色彩搭配

　　"色彩搭配"咨询这一服务在20世纪末才开始传入中国，对于大多数中国人只敢穿黑、白、灰、蓝来说，这无疑是个很大的惊喜。10多年来，"色彩搭配"咨询已经风靡了中国的大江南北，对于人们的穿衣打扮进行指导，促进商业企业的新型营销，提高城市与建筑的色彩规划水平，改善全社会的视觉环境。

　　"色彩搭配"咨询在世界一些发达国家已相当成熟，其实早在30多年前就已经有一套科学的方法能让你非常清楚颜色该怎样选择和搭配。1974年美国的卡洛尔·杰克逊女士发表色彩四季理论，1983年，英国的玛丽·斯毕

兰女士在原有四季的基础上，根据色彩冷暖、明度、纯度三大属性之间的相互关系把四季扩展为十二季，从而彻底解决了色彩季的划分问题，使人们对色彩的运用更方便，选择更简捷，范围更广泛。现在，日本全国有近40万名"色彩搭配"设计师；英国、美国等国家的色彩设计公司都拥有一批专门的色彩设计人员，专业"色彩搭配"设计师活跃在个人形象设计、建筑及环境规划、室内设计、广告和服装设计等各个行业。

色彩搭配的配色原则 〉

1.色调配色：指具有某种相同性质（色相、明度、纯度）的色彩搭配在一起，色相越全越好，最少也要3种色相以上。比如，同等明度的红、黄、蓝搭配在一起。大自然的彩虹就是很好的色调配色。

2.近似配色：选择相邻或相近的色相进行搭配。这种配色因为含有三原色中某一共同的颜色，所以很协调。因为色相接近，所以也比较稳定，如果是单一色相的浓淡搭配则称为同色系配色。比如，紫配绿、紫配橙、绿配橙。

3.渐进配色：按色相、明度、纯度三要素之一的程度高低依次排列颜色。特点是不仅色调沉稳，也很醒目，尤其是色相和明度的渐进配色。彩虹既是色调配色，也属于渐进配色。

4.对比配色：用色相、明度或纯度的反差进行搭配，有鲜明的强弱。其中，明度的对比给人明快清晰的印象，可以说只要有明度上的对比，配色就不会太失败。比如，红配绿、黄配紫、蓝配橙。

5.单重点配色：让两种颜色形成面积的大反差。"万绿丛中一点红"就是一种单重点配色。其实，单重点配色也是一种对比，相当于一种颜色做底色，另一种颜色做图形。

6.分隔式配色：如果两种颜色比较接近，看上去不明显，可以用对比色加在这两种颜色之间，增加强度，整体效果就会很协调了。最简单的加入色是无色系的颜色或米色等中性色。

7.夜配色：严格来讲，这不算是真正的配色技巧，但很有用。高明度或鲜亮的冷色与低明度的暖色配在一起，称为夜配色或影配色。它的特点是神秘、遥远、充满异国情调、民族风情。

色彩搭配师

　　生活中有这么一群人，对时尚、色彩的感悟总会比一般人强很多，小到今天穿什么，大到新款汽车的发布，甚至城市建设的整体规划，都是他们的目标对象，他们往往被认为是色彩世界里的"魔法师"，他们就是用一点点技巧孕育出无限生活情趣的色彩搭配师。

　　色彩搭配师是经过一系列的色彩培训，拥有着丰富的色彩知识，并且运用这些色彩知识和专业的技能，进行色彩搭配与设计、色彩策划与营销、色彩调查与管理、色彩研究与咨询的工作人员。色彩搭配师通过色彩测量、色彩咨询、色彩调查、色彩研究与培训等工作为社会提供专业化的色彩服务，提升各领域色彩设计与应用的能力。

　　随着市场经济的迅速发展，商品的种类日益丰富，人们选择的范围也越来越广。对于购买者来说，当商品的质量趋于相同时，最吸引他们眼球的，往往就是商品通过色彩这一视觉要素来传达外观的色彩形象。而色彩搭配师和色彩顾问，就是这种眼球经济推动下的一门新兴的职业。

　　这两种职业本质上大致相同，都与色彩相关，与色彩搭配密切联系。致力于运用色彩，通过色彩测量、色彩咨询与培训等内容为社会提供专业化的色彩服务和个人形象设计服务。目前国内由于色彩理论的偏差，在行业内存在着两种分歧，一种是目前比较全面的由刘纪辉在中国推广的十二色彩季型，另一种是由日本引进的四季色彩季型。分清两者的利与弊是每一个参与到色彩搭配工作中的人首先应该解决的问题。

95

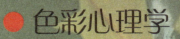

● 色彩心理学

　　色彩是必不可少的学科之一，在自然欣赏、社会活动等方面。色彩在客观上是对人们的一种视觉刺激或象征；在主观上又是一种反应与行为。色彩心理通过视觉开始，从知觉、感情到记忆、思想、意志、象征等，其反应与变化是极为复杂的。色彩的应用，很重视这种因果关系，即由对色彩应用的经验积累而变成对色彩应用的心理规范，当受到什么样的刺激后能产生什么样的反应，都是色彩心理所要探讨的内容。

心理颜色 ＞

日常生活中观察的颜色在很大程度上受心理因素的影响，即形成心理颜色。我们在心理上通常把色彩分为红、黄、绿、蓝4种，并称为四原色。通常红—绿、黄—蓝称为心理补色。白色从这4个原色中混合出来，黑也从其他颜色混合出来。红、黄、绿、蓝加上白和黑，成为心理颜色的6种基本感觉。尽管在物理上黑是人眼不受光的情形，但在心理上黑是一种感觉。

• **黑色**

黑色象征权威、高雅、低调、创意；也意味着执着、冷漠、防备，视服饰的款式与风格而定。黑色为大多数主管或白领专业人士所喜爱，当你需要极度权威、表现专业、展现品位、不想引人注目或想专心处理事情时，例如高级主管的日常穿着、主持演示文稿、在公开场合演讲、写企划案、创作、从事跟"美"、"设计"有关的工作时，适合穿黑色服务。

• 灰色

灰色象征诚恳、沉稳、考究。其中的铁灰、炭灰、暗灰，在无形中散发出智能、成功、权威等强烈讯息；中灰与淡灰色则带有哲学家的沉静。当灰色服饰质感不佳时，整个人看起来会黯淡无光、没精神，甚至造成邋遢、不干净的错觉。灰色在权威中带着精确，特别受金融业人士喜爱。当你需要表现智能、成功、权威、诚恳、认真、沉稳等场合时，适合穿着灰色衣服现身。

• 白色

白色象征纯洁、神圣、善良、信任与开放。但身上白色面积过大，会给人疏离、梦幻的感觉。当你需要赢得做事干净利落的信任感时可穿白色上衣，基本款的白衬衫就是必备服饰。

• 海军蓝（深蓝色）

海军蓝象征权威、保守、中规中矩与务实。穿着海军蓝时，配色的技巧如果没有拿捏好，会给人呆板、没创意、缺乏趣味的印象。海军蓝适合强调一板一眼具有执行力的专业人士。希望别人认真听你说话、表现专业权威时，例如：参加商务会议、记者会、提案演示文稿、到企业文化较保守的公司面试或讲演严肃或传统主题时，不妨穿深蓝色服饰。

- **褐色、棕色、咖啡色系**

　　褐色、综色、咖啡色系象征典雅中蕴含安定、沉静、平和、亲切等意象，给人情绪稳定、容易相处的感觉。如果没有搭配好的话，会让人感到沉闷、单调、老气、缺乏活力。当需要表现友善亲切时可以穿棕褐、咖啡色系的服饰，例如：参加部门会议或午餐汇报、募款、做问卷调查；当不想招摇或引人注目时，褐色、棕色、咖啡色系是很好的选择。

- **红色**

　　红色象征热情、性感、权威、自信，是个能量充沛的色彩——全然的自我、全然的自信、全然的要别人注意你。不过有时候会给人留下血腥、暴力、忌妒、控制的印象，容易给人造成心理压力，因此与人谈判或协商时不宜穿红色；预期有火爆场面时，也请避免穿红色；当你想要在大型场合中展现自信与权威的时候，可以让红色服饰助你一臂之力。

100

• 粉红色

粉红色象征温柔、甜美、浪漫、没有压力，可以软化攻击、安抚浮躁。比粉红色更深一点的桃红色则象征着女性化的热情，比起粉红色的浪漫，桃红色是更为洒脱、大方的色彩。在需要权威的场合，不宜穿大面积的粉红色，并且需要与其他较具权威感的色彩做搭配。而桃红色的艳丽则很容易把人淹没，也不宜大面积使用。当你要和女性谈公事、提案，或者需要源源不绝的创意、安慰别人、从事咨询工作时，粉红色、桃红色都是很好的选择。

• 橙色

橙色富于母爱和大姐姐的热心特质、给人亲切、坦率、开朗、健康的感觉。介于橙色和粉红色之间的粉橘色，则是浪漫中带着成熟的色彩，让人感到安适、放心。橙色是从事社会服务工作时，特别是需要阳光般的温情时最适合的色彩之一。

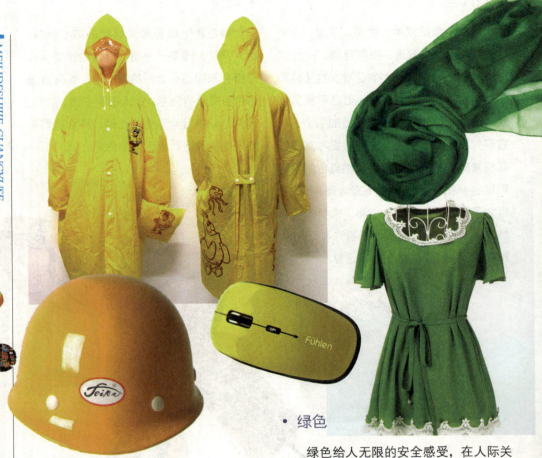

• 黄色

　　黄色是明度极高的颜色，能刺激大脑中与焦虑有关的区域，具有警告的效果，所以雨具、雨衣多半是黄色。艳黄色象征信心、聪明、希望；淡黄色象征天真、浪漫、娇嫩。提醒您，艳黄色有不稳定、招摇，甚至挑衅的味道，不适合在任何可能引起冲突的场合穿着，如谈判场合。黄色适合在任何快乐的场合穿着，比如生日会、同学会，也适合在希望引起人注意时穿着。

• 绿色

　　绿色给人无限的安全感受，在人际关系的协调上可扮演重要的角色。绿色象征自由和平、新鲜舒适；黄绿色给人清新、有活力、快乐的感受；明度较低的草绿、墨绿、橄榄绿则给人沉稳、知性的印象。绿色的负面意义，暗示了隐藏、被动，不小心就会穿出没有创意的感觉，在团体中容易失去参与感，所以在搭配上需要其他色彩来调和。绿色是参加任何环保、动物保育活动、休闲活动时很适合的颜色，也很适合做心灵沉潜时穿着。

102

• 蓝色

蓝色是灵性、知性兼具的色彩，在色彩心理学的测试中发现几乎没有人对蓝色反感。明亮的天空蓝，象征希望、理想、独立；暗沉的蓝意味着诚实、信赖与权威。正蓝、宝蓝在热情中带着坚定与智能；淡蓝、粉蓝可以让自己、也让对方完全放松。蓝色在美术设计上，是应用度最广的颜色；在穿着上，同样也是最没有禁忌的颜色，只要是适合你"皮肤色彩属性"的蓝色，并且搭配得宜，都可以放心穿着。想要使心情平静、需要思考、与人谈判或协商时、想要对方听你讲话时适合穿蓝色。

• 紫色

紫色是优雅、浪漫，并且具有哲学家气质的颜色。紫色的光波最短，在自然界中较少见到，所以被引申为象征高贵的色彩。淡紫色的浪漫，不同于小女孩式的粉红，而是像隔着一层薄纱，带有高贵、神秘、高不可攀的感觉；而深紫色、艳紫色则是魅力十足、有点狂野又难以探测的华丽浪漫。若时间、地点、人物不对，穿着紫色可能会造成高傲、矫揉造作、轻佻的错觉。当你想要与众不同，或想要表现浪漫中带着神秘感的时候可以穿紫色服饰。

色彩影响情绪 〉

人们的亲身体验表明，色彩对人们的心理活动有着重要影响，特别是和情绪有非常密切的关系。

在我们的日常生活、文娱活动、军事活动等各种领域都有各种色彩影响着我们的心理和情绪。各种各样的人：古代的统治者、现代的企业家、艺术家、广告商等都在自觉不自觉地应用色彩来影响、控制人们的心理和情绪。人们的衣、食、住、行也无时无刻不体现着对色彩的应用：穿上夏天的湖蓝色衣服会让人觉得清凉，人们把肉类调成酱红色，会更有食欲。颜色之所以能影响人的精神状态和情绪，在于颜色是源于大自然的先天的色彩。

心理学家认为，人的第一感觉就是视觉，而对视觉影响最大的则是色彩。人的行为之所以受到色彩的影响，是因人的行为很多时候容易受情绪的支配。蓝色的天空、鲜红的血液、金色的太阳……看到这些与大自然先天的

色彩一样的颜色，自然就会联想到与这些自然物相关的感觉体验，这是最原始的影响。这也可能是不同地域、不同国度和民族、不同性格的人对一些颜色具有共同感觉体验的原因。

比如，红色通常给人带来这些感觉：刺激、热情、积极、奔放和力量，还有庄严、肃穆、喜气和幸福等等。而绿色是自然界中草原和森林的颜色，有生命永久、理想、年轻、安全、新鲜、和平之意，给人以清凉之感。蓝色则让人感到悠远、宁静、空虚等等。

随着社会的发展，影响人们对颜色感觉联想的物质越来越多，人们对于颜色的感觉也越来越复杂。

色彩影响人的心理和生理 ＞

通过对色彩与人的心理情绪关系的科学研究发现，色彩对人的心理和生理都会产生影响。

国外科学家研究发现：在红光的照射下，人们的脑电波和皮肤电活动都会发生改变。在红光的照射下，人们的听觉感受性下降，握力增加。同一物体在红光下看要比在蓝光下看显得大些。在红光下工作的工人比不在红光下工作的工人反应快，可是工作效率反而低。

105

色彩感情 〉

• 色彩的冷暖

　　红、橙、黄色常常使人联想到旭日东升或燃烧的火焰，因此有温暖的感觉；蓝、青色常常使人联想到大海、晴空、阴影，因此有寒冷的感觉；凡是带红、橙、黄的色调都有暖感；凡是带蓝、青的色调都带冷感。色彩的冷暖与明度、纯度也有关。高明度的色一般有冷感，低明度的色一般有暖感。高纯度的色彩一般有暖感，低纯度的色彩一般有冷感。无彩色系中白色有冷感，黑色有暖感，灰色属中。

• 色彩的轻重感

　　色彩的轻重感一般由明度决定。高明度色彩具有轻感，低明度色彩具有重感；白色最轻，黑色最重；低明度色彩基调的配色具有重感，高明度色彩基调的配色具有轻感。

• 色彩的软硬感

色彩的软硬感与明度、纯度有关。凡明度较高的含灰色系色彩具有软感，凡明度较低的含灰色系色彩具有硬感；纯度越高越具有硬感，纯度越低越具有软感；强对比色调具有硬感，弱对比色调具有软感。

• 色彩的强弱感

高纯度色彩有强感，低纯度色彩有弱感；有彩色系比无彩色系有强感，有彩色系以红色为最强；对比度大的具有强感，对比度小的有弱感。

• 色彩的明快感与忧郁感

色彩明快感与忧郁感与纯度有关，明度高而鲜艳的颜色具有明快感，深暗而混浊的颜色具有忧郁感；低明度基调的配色易产生忧郁感，高明度基调的配色易产生明快感；强对比色调有明快感，弱对比色调具有忧郁感。

• 色彩的兴奋感与沉静感

色彩的兴奋感与沉静感与色相、明度、纯度都有关，其中纯度的作用最为明显。在色相方面，凡是偏红、橙的暖色系具有兴奋感，凡属蓝、青的冷色系具有沉静感；在明度方面，明度高的颜色具有兴奋感，明度低的颜色具有沉静感；在纯度方面，纯度高的颜色具有兴奋感，纯度低的颜色具有沉静感。因此，暖色系中明度最高纯度也最高的颜色兴奋感最强，冷色系中明度最低而纯度最低的颜色最有沉静感。强对比的色调具有兴奋感，弱对比的色调具有沉静感。

• 色彩的华丽感与朴素感

色彩的华丽感与朴素感与纯度、明度有关，其中与纯度的关系最大，明度次之。凡是鲜艳而明亮的颜色具有华丽感，凡是混浊而深暗的颜色都具有朴素感。有彩色系具有华丽感，无彩色系具有朴素感。强对比色调具有华丽感，弱对比色调具有朴素感。

108

色彩心理学的应用 ⟩

• 潜水

在时下非常流行的休闲运动潜水中，潜水者需要携带氧气瓶。一个氧气瓶大约可以持续 40～50 分钟供氧，但是大多数潜水者将一个氧气瓶的氧气用完后，却感觉在水中只下潜了 20 分钟左右。这不令因为海洋里的各色鱼类和漂亮珊瑚可以吸引潜水者的注意力，所以会感觉时间过得很快，更重要的是，海底是被海水包围的一个蓝色世界。正是蓝色麻痹了潜水者对时间的感觉，使他感觉到的时间比实际的时间短。

• 灯光照明

这个现象在日常生活中非常常见，在青白色的荧光灯下，人会感觉时间过得很快，而在温暖的白炽灯下，就会感觉时间过得很慢。因此，如果单纯出于工作的需要，最好在荧光灯下进行，因为白炽灯会使人感觉时间漫长，容易产生烦躁情绪。反之，卧室中就比较适合使用白炽灯等令人感觉温暖的照明设备，这样会营造出一个属于自己的悠闲空间。

MEILIDESHIJIE GUANGYUSE

• 快餐店不适合等人

快餐店给我们的印象一般是座位很多、效率很高，顾客吃完就走，不会停留很长时间。有人喜欢和朋友约在快餐店碰面，但其实快餐店并不适合等人。这是因为很多快餐店的装潢以橘黄色或红色为主，这两种颜色虽然有使人心情愉悦、兴奋以及增进食欲的作用，但也会使人感觉时间漫长。如果在这样的环境中等人，会使人越来越烦躁。

比较适合约会、等人的场所应该是那些色调偏冷的咖啡馆。说句与颜色无关的话，咖啡的香味也有使人放松的效果，在这样的环境中等待自己的梦中情人，相信等再久也不会烦躁吧。

• 黄色安全帽

无论是在建筑工地上还是工厂的车间里，工人们都戴着黄色的安全帽。这是因为黄色的可视性高，可以唤起人们的危险意识，因而特别适合建筑工地和工厂车间等危险性高的工作场所使用。然而，这并不是安全帽使用黄色的唯一理由。由于黄色可以很好地反射光线，能有效保证物体表面温度不会太高。因而，在烈日炎炎的建筑工地上，黄色安全帽可以使工人的头部免受阳光暴晒，使头部温度不至于太高，从而可以防止中暑和其他疾病的发生。

• 黑色的保险柜

从出现保险柜的那一天开始，就多用黑色。不管是公司中的大型保险柜，还是影视剧中出现的巨型保险柜，大多是黑色的。我们常见的财会人员保管的保险柜也是深深的墨绿色，这是为什么呢？

这是因为为了防止被盗，保险柜都设计为无法轻易破坏的构造，还必须尽可能地加大它的重量，使之无法轻易搬动。然而，为保险柜增加物理重量是有极限的，于是便给它涂上了让人心理上感觉沉重的深色，使人产生无法搬动的感觉。白色和黑色在心理上可以产生接近两倍的重量差，所以使用黑色可以大大增加保险柜的心理重量，从而有效防止被盗的发生。

• 白色冰箱

在家用电器的卖场中，我们看到的冰箱多为白色或其他比较浅的颜色，这是为什么呢？这是因为白色或浅色对光的反射率比较高，因而冰箱表面的温度不会太高，这样就不必耗费过多的能源为冰箱表面降温，从而节省了能源。此外，白色或浅色还给人一种清凉的感觉，所以不管是在心理上还是物理上，冰箱都适合使用白色或浅色。

• "重"的颜色与"轻"的颜色

色彩是有重量的。请大家不要误解，颜色自身是没有重量的，只是有的物体颜色使人感觉重，有的物体颜色使人感觉轻。例如，同等重量的白色箱子与黄色箱子相比，哪个感觉更重一点？答案是黄色箱子。此外，与黄色箱子相比，蓝色箱子看上去更重；与蓝色箱子相比，黑色箱子看上去更重。

不同的颜色使人感觉到的重量差到底有多大呢？有人通过实验对颜色与重量感受进行了研究。结果表明黑色的箱子与白色的箱子相比，前者看上去要重1.8倍。此外，即使是相同的颜色，明度（色彩的明亮程度）低的颜色比明度高的颜色感觉重。例如，红色物体比粉红色物体看上去更重。纯度（色彩的鲜艳程度）低的颜色也比纯度高的颜色感觉更重。例如，同是红色系，但栗色就要比大红色感觉重。

我们冬天穿着西装时，会感觉比其他季节重。除了穿得比较多之外，也是因为冬天西装的颜色比较深，而较深的颜色会让我们感觉重。重是一种主观感觉，因而会随着周围环境以及自身状态的不同而产生差异。例如，傍晚下班时，我们虽然背着和早晨一样的皮包，却感觉格外沉重。这就是工作一天后疲惫的后果。如果早晨去上班就感觉皮包很沉重的话，那你可要注意休息了。为了让自己感觉更轻松，可以换颜色浅一些、鲜艳一些的皮包，比如白色皮包。

色彩与重量的关系，在室内装修中也得到了广泛的应用。比如，天花板采用明亮的颜色，然后从墙面到床到地板采用逐渐加深的颜色，这样可以制造出一种稳定感，使人感觉安全和安心。

113

• 包装纸箱的颜色

包装纸箱之所以多为浅褐色是因为它是利用再生纸制造而成的，保持了纸浆的原色。包装纸箱可以说是废物回收再利用中的佼佼者，八成以上的包装纸箱都会得到回收再利用。

然而，包装纸箱多用浅褐色的理由不仅仅只有这一个，它和心理重量也有着紧密联系。最近，除了浅褐色之外，白色包装纸箱也多了起来。某些大型物流公司已经把自己的包装纸箱统一为白色。浅褐色可以使人感觉包装纸箱的重量比较轻，而相比之下，白色的给人感觉就更轻了。使用包色纸箱包装货物，可以减轻搬运人员的心理重量。再有，白色看起来也比较整洁。

包装纸箱可以循环再利用，从而减少环境污染，减轻环境的负担。不仅如此，浅色的包装纸箱还可以减轻我们的心理重量。

• 让房间看起来更宽敞的秘诀

　　正确使用前进色和后退色可以使房间看起来更加宽敞。此时，要特别注意用色的明度，所有明度高的颜色都可以使房间显得很宽敞。

　　明度较低的天花板给人压抑的感觉，但是只要涂上淡蓝色等明度高的冷色，就可以从感觉上拉高天花板。对于比较狭窄的墙壁，可以使用明度高的后退色，使墙壁看起来比实际位置后退了，这样不就显得宽敞了吗? 此外，对于比较深的过道，可以在过道尽头的墙面使用前进色，使这面墙产生凸出感，从而在感觉上缩短过道的长度。对于卫生间，可以统一使用白色或者米色，这样不仅使人感觉清洁、明快，还能使不大的卫生间看起来宽敞一些，减轻压迫感。

• 食欲与色彩

　　各种颜色中，有的颜色的食物看了就可以令人胃口大开、食欲大振，红色、橙色和黄色等颜色的食物就有这样的效果。因为，鲜艳的色彩都有增进食欲的效果。水果的红色和橙色、蔬菜的绿色、红烧肉的红色、生鱼片的白色和黄色配以芥末的绿色、牛肉盖浇饭的黄白搭配等让人看了就有垂涎欲滴的感觉。

　　食欲与颜色的关系是主观的，这与一个人以前的经验有很大的关系。如果一个人以前吃某一种颜色的食物时有过不愉快的经历，也许以后再看到这个颜色的食物时就会感到反感。以日本人为例，日本人食物的颜色比较繁多，从米饭和面条的白色到黑胡椒和海苔的黑色，真可谓多种多样、五颜六色。因此，可以唤起日本人食欲的

116

颜色也是多种多样的。总的来说，可以唤起食欲的颜色，其前提条件是这种颜色可以让人联想到某种可口的食物，红色和橙色比较容易让人联想到美味的食物，因而是最具开胃效果的颜色，而紫色和黄绿色等则是最能抑制食欲的颜色。

要想唤起食欲，食物的颜色固然重要，但餐厅的颜色与照明同样不可忽视。同时，盛食物的

器皿的颜色尤其重要。在日本，制作餐具器皿被当作一门艺术，甚至一些匠人制作餐具器皿的技术和色彩感非常出色。盛食物的器皿以白色居多，这是因为白色可以更好地突出食物颜色的缘故，蓝色的餐具器皿也可以起到同样的作用。因此，在日本，蓝边的白盘子非常常见。此外，黑色餐具器皿在日本料理中也得到了比较广泛的应用，这是因为黑色可以和食物的颜色产生强烈的对比，从而更加突出食物颜色的缘故，而且日本料理的微妙味道可以在黑色的衬托下得到淋漓尽致的体现。

• 催人入眠的色彩

　　蓝色具有催眠的作用。蓝色可以降低血压，消除紧张感，从而起到镇定的作用，因此建议经常失眠以及睡眠质量不好的朋友睡前多看看蓝色。在卧室中增加蓝色可以促进睡眠，但是如果蓝色太多的话也不尽然。夏天还好，可是到了冬天，一屋子的蓝色会让人感觉很冷。此外，蓝色太多还能引起人的孤独感。因此，建议卧室装修以淡蓝色为主，搭配白色和米色为佳。这样的色彩搭配可以自然而然地消除身体的紧张感，促进睡眠。

　　除了蓝色外，绿色也有一定的催眠作用。然而，绿色与蓝色的催眠原理不同，蓝色可以使人的身体得到放松，而绿色则使人从心理上得到放松，从而达到催眠的效果。虽说暖色是令人清醒的颜色，但淡淡的暖色和蓝色一样，也有催人入睡的作用。白炽灯、间接照明等产生的温暖的米黄色灯光以及让人感觉安心的淡橙色灯光都有一定的催眠作用。

• 使人清醒的色彩

当人头脑不清醒的时候，看一看纯度高的红色，就可以立刻清醒过来。红色就是所谓使人清醒的色彩，它可以增强人的紧张感，使血压升高。目前，市场上可以买到的提神产品多以黑色包装为主，也许是想让人联想到有提神作用的黑咖啡吧。

日本推出了一款"早晨专用"的罐装咖啡，罐子的外包装就是红色的，这种红色包装的咖啡可以说是提神的佳品。首先，咖啡中的咖啡因就可以刺激大脑，增强大脑的活力；其次，高纯度的红色包装具有增强紧张感提神醒脑的作用。因此，可以说这种商品具有双重提神效果。

美丽的世界——光与色

MEILIDESHIJIE GUANGYUSE

● 粉红色具有安抚情绪的效果

　　粉红色象征健康，是美国人常用的颜色，也是女性最喜欢的色彩之一，具有放松心情和安抚情绪的效果。有报告称，在美国西雅图的海军禁闭所、加利福尼亚州圣贝纳迪诺市青年之家、洛杉矶退伍军人医院的精神病房、南布朗克斯收容好动症儿童学校等处，都观察到了粉红色能安定情绪的明显效果。例如把一个狂燥的病人或罪犯单独关在一间墙壁为粉红色的房间内，被关者很快就安静下来；一群小学生在内壁为粉红色的教室里，心率和血压都有下降的趋势。

　　还有研究报告指出：在粉红色的环境中小睡一会儿，能使人感到肌肉软弱无力，而在蓝色环境中停留几秒钟，即可恢复。有人提出粉红色影响心理和生理的作用机制是：粉红色光刺激通过眼睛——大脑皮层——下丘脑——松果腺和脑垂体——肾上腺，使肾上腺髓质分泌肾上腺素减少，引起心脏活动舒缩变慢，肌肉放松。

120

• 绿色能提高效益消除疲劳

与红色相反，绿色则可以提高人的听觉感受性，有利于思想的集中，提高工作效率，消除疲劳，还会使人呼吸减慢，降低血压。但是在精神病院里单调的颜色，特别是深绿色，容易引起精神病人的幻觉和妄想。

此外，其他颜色如橙色，在工厂中的机器上涂上橙色要比原来的灰色或黑色更好，可以提高生产效率，降低事故率。可以把没有窗户的厂房墙壁涂成黄色，这样可以消除或减轻单调的手工劳动给工人们带来的苦闷情绪。

色盲

色盲，又称"道尔顿症"，是一种先天性色觉障碍疾病。色盲有多种类型，最常见的是红绿色盲。根据三原色学说，可见光谱内任何颜色都可由红、绿、蓝3色组成。如能辨认三原色都为正常人，3种原色均不能辨认的称为全色盲。辨认任何一种颜色的能力不足者称色弱，主要有红色弱和绿色弱。如有一种原色不能辨认的称为二色视，主要为红色盲与绿色盲。

色盲，在国外首先由英国化学家、物理学家、近代化学之父约翰·道尔顿（John Dalton，1766—1844）发现，所以又称"道尔顿症"，色盲中以红绿色盲较为多见，蓝色盲及全色盲较为少见。由于患者从小就没有正常辨色能力，但是可以根据光度强弱分辨颜色，因此不易被发现。

红绿色盲是一种最常见的人类伴性遗传病。一般认为，红绿色盲决定于X染色体上的两对基因，即红色盲基因和绿色盲基因。红绿色盲的遗传方式是伴X染色体隐性遗传。因男性性染色体为XY，仅

约翰·道尔顿

有一条X染色体，所以只需一个色盲基因就表现出色盲；而女性性染色体为XX，所以那一对控制色盲与否的等位基因，必须同时是隐性的才会表现出色盲。因而色盲患者中男性远多于女性。色盲亦称"色觉辨认障碍"，是指无法正确感知部分或全部颜色间区别的缺陷。通常色盲发生的原因与遗传有关，但部分色盲则与眼，视神经或脑部损伤有关。英国化学家约

翰·道尔顿在发现自己是色盲患者后，于1798年出版了第一部论述此问题的科学专著《关于色彩视觉的离奇事实》。由于道尔顿的研究，该缺陷常被称为"道尔顿症"。红绿色盲人口占全球男性人口约8%，女性人口约0.5%。其中约6%人口为三色视觉（色弱），约2%人口为二色视觉（色盲），极少数为单色视觉（全色盲）。

由于红色和绿色对红绿色盲患者(色觉异常患者)形成的视觉效果和常人存在差异，因而不适宜从事美术、纺织、印染、化工等需色觉灵敏的工作。如在交通运输中，若工作人员色盲，他们可能不能辨别颜色信号，就可能导致交通事故。色觉是眼睛的重要功能之一，色觉功能的好坏，对要求辨色力的工作具有一定的影响。而色觉对国防军事、尤其是特种兵具有重要意义。如在空军航空兵中，必须辨别各种颜色的信号。为此，在选兵时色觉检查被列为重要的检查项目之一。

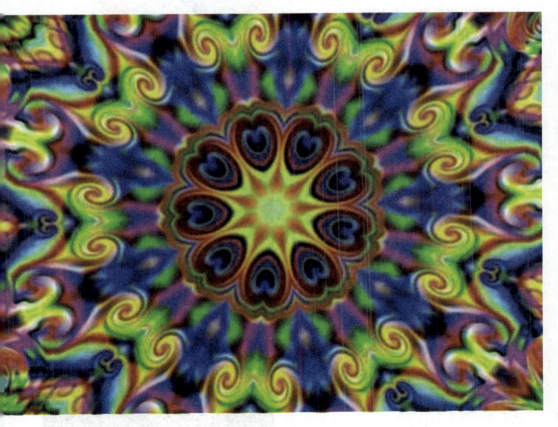

色盲的病因 >

眼睛之所以能辨识颜色，是由于眼睛存在3种能辨识颜色的锥状细胞，这3种锥状细胞分别能吸收不同波长范围的光，分别是蓝、绿、红（即光的三原色）。当锥状细胞受到损伤或发育不全时，就有可能造成色盲。色盲的发生主要和遗传有关，但也有一些情况则是由于视神经和脑的病变引起的。根据发生原因来分，色盲可分为先天性色盲和后天性色盲。

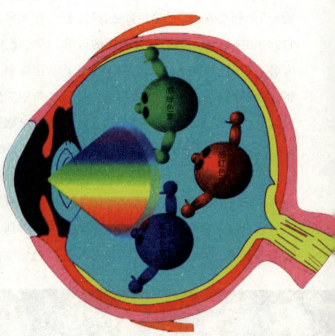

感绿色素

感红色

感蓝色

• 后天性色盲

后天性色盲的发生原因可能与视网膜、视神经病变有关，例如外伤、青光眼等。

• 先天性色盲

先天性色盲多为红绿色盲，对于红、绿颜色辨识有障碍。大部分与颜色辨识有关的基因都位于 X 染色体上，且为隐性遗传。由于人类辨识颜色的基因是来自 X 染色体，故若母亲为色盲患者，则其所生的儿子必定是色盲。（因为男性第 23 对染色体为 X—Y 基因，而色盲母亲会将唯一令下一代有可能遗传色盲的 X 染色体遗传给儿子。）

色盲的分类 〉

先天性色觉障碍通常称为色盲，它不能准确分辩自然光谱中的各种颜色或某种颜色。对颜色的辨识能力差的则称色弱，它与色盲的界限一般不易严格区分，只不过轻重程度不同罢了。

色盲又分为全色盲和部分色盲（红色盲、绿色盲、蓝黄色盲等）。色弱包括全色弱和部分色弱（红色弱、绿色弱、蓝黄色弱等）。

• 全色盲

全色盲属于完全性视锥细胞功能障碍，与夜盲（视杆细胞功能障碍）恰好相反，患者尤喜暗、畏光，表现为昼盲。七彩世界在其眼中是一片灰暗，如同看黑白电视一般，仅有明暗之分，而无颜色差别。而且所见红色发暗、蓝色发亮，此外还有视力差、弱视、中心性暗点、摆动性眼球震颤等症状。它是色觉障碍中最严重的一种，患者较少见。

• 红色盲

红色盲也称第一色盲。患者主要是不能分辨红色，对红色与深绿色、蓝色、紫红色以及紫色不能分辨。常把绿色视为黄色，紫色看成蓝色，将绿色和蓝色相混为白色。

• **绿色盲**

绿色盲也称第二色盲。患者不能分辨淡绿色与深红色、紫色、青蓝色、紫红色以及灰色，常把绿色视为灰色或暗黑色。临床上把红色盲与绿色盲统称为红绿色盲，患者较常见。平常说的色盲一般就是指红绿色盲。

• **蓝黄色盲**

蓝黄色盲也称第三色盲。患者蓝、黄色混淆不清，对红、绿色可辨识，较少见。

• **全色弱**

全色弱也称红绿蓝黄色弱。其色觉障碍比全色盲程度要低，视力无任何异常，也无全色盲的其他并发症。在物体颜色深且鲜明时，则能够分辨；若颜色浅，且不饱和时，则分辨困难，患者也少见。

• **部分色弱**

色盲矫正眼镜有红色弱（第一色弱）、绿色弱（第二色弱）和蓝黄色弱（第三色弱）等，其中红绿色弱较多见，患者对红、绿色辨识力差，照明不良时，其辨识能力接近于红绿色盲；但当物体颜色深、鲜明且照明度良好时，其辨识能力接近正常。

色盲（弱）患者生来就没有正确的辨色能力，并且以为别人也和自己一样，因此不能自己发现自己有病，许多色盲患者眼部检查也无异常发现，当红、绿色特别明显或单一出现时，患者往往凭借独特的经验加以区分，因此色盲（弱）只有通过专门的色觉检查才能判定。

1889年5月8日，梵高来到离阿尔勒25千米的圣-雷米，接受精神病院治疗。他是自愿的，那时，医生允许他白天外出写生。这幅画中的村庄就是圣-雷米。6月，也就是他住院一个月后，画了这幅画。这幅画现存于纽约现代艺术馆，馆长评论说："这幅画恐怕是梵高最著名的作品之一了。我试图评论她，但要说的太多太多，一时又不知从何说起。画面左侧是柏树，一棵燃烧的柏树！天空中有星星，她们翻滚着，小镇似乎笼罩在某种不安之中，圣-雷米的那一夜果真如梵高笔下的那般扭曲、翻滚吗？正忍受精神病折磨的梵高用这幅画要告诉我们什么？他要选择死亡还是……每当我观察这幅画时，总有一种奇怪的感觉：她的线条那么的粗糙，整个画面如此的混乱，但她的效果却是震撼的！我想也只有用震撼来形容了。也许当你了解了当时梵高所处的困境，你会很自然地感到一种情绪，也许是消沉，也许是郁闷，但我更相信是一种激愤！"

后人对于《星空》的评论：这幅星空之夜是梵高深埋在灵魂深处的感受，星云与棱线宛如一条巨龙不停地蠕动着。暗绿褐色的柏树像一股巨形的火焰，由大地的深处句上旋冒，所有的一切似乎都在回旋、转动、烦闷、动摇，在夜空中放射绚丽的色彩。荷兰自古以来即有画月光风景的题材，但是能够像梵高这般把对宇宙庄严与神秘的敬畏之心表现在夜空上的画家却前所未有。一方面表达高亢压抑的感情；另一方面画面构图又经过精确的计算，画中以树木衬托天空，从而获得构图上微妙的平衡，从这点来看，就可明白绝非是光靠激情即可画出来的。

图书在版编目（CIP）数据

美丽的世界：光与色 / 潘丽娜编著. -- 北京：现代出版社，2016.7 （2024.12重印）
ISBN 978-7-5143-5234-4

Ⅰ.①美… Ⅱ.①潘… Ⅲ.①光学－普及读物②色彩学－普及读物 Ⅳ.①O43-49②J063-49

中国版本图书馆CIP数据核字（2016）第160797号

美丽的世界：光与色

作　　者：潘丽娜
责任编辑：王敬一
出版发行：现代出版社
通讯地址：北京市朝阳区安外安华里 504 号
邮政编码：100011
电　　话：010-64267325　64245264（传真）
网　　址：www.1980xd.com
电子邮箱：xiandai@cnpitc.com.cn
印　　刷：唐山富达印务有限公司
开　　本：700mm×1000mm　1/16
印　　张：8
印　　次：2016年7月第1版　2024年12月第4次印刷
书　　号：ISBN 978-7-5143-5234-4
定　　价：57.00 元